U0004614

香草植物
就要這樣玩

栽培 × 手作 × 料理

黃文達 著

作
者
序

　　香草植物因具有特殊香氣與用途而廣受消費者喜愛，目前市面上流通的香草多數來自歐美地區，於 1990 年代經過業界、種苗場與改良場大規模的引種、試種，在 2000 年代奠定了台灣香草產業的基礎，並逐漸蓬勃發展。2002 年起我回母系台灣大學農藝學系任教，適值本系謝兆樞老師原開設的藥用植物課廣受學生喜愛，謝老師也涉略芳香療法方面之香料植物，鼓勵與建議我開設與烹調料理有關的香料植物學（aromatic and spice plants），以陸續建構完整的香草植物課程，從此一路闖入非糧食作物的領域。香料植物學介紹了常見的薰衣草、迷迭香等芳香藥草（aromatic plants）與八角、丁香等辛香藥草（spice plants），課程內容配合實體植物的材料，講解其起源典故、植物性狀、氣候土宜等，並穿插實務操作、栽培管理及生活應用。這些年來由於課程需求，陸續收集及栽培各種香料植物，如今在台大校園最早的試驗田區也建立了一處香藥草植物園圃。

　　香草對於歐美各國而言，是一種栽培歷史悠久且應用廣泛的作物，推廣香草成為台灣新興的農業產業是極具開發潛力的，而一個新興的農產業要能永續發展，必須將其融入日常生活，並加入在地的特色元素，才可能永續經營。近年來食安問題的不斷爆出，提醒大眾重視食物履歷，也突顯出在地天然食材的重要性。本書以體驗認識香草植物為主，藉由天然植物的應用，

正好可以減少飲食中對人工添加物的依賴，減輕身體代謝的負擔，並可以根據個人喜好，嘗試創造更適合的香草飲食、保健、美容保養、環境清潔與藥用等多用途，讓香草真正融入個人生活。

本書承蒙晨星出版有限公司全力支持，以及許裕苗小姐細心協助圖文的修改，本書才有機會能順利出刊。撰寫期間感謝台灣大學農藝學系黃秀鳳博士全程提供文字整理及操作等協助。書中烹調DIY單元，感謝關西高中園藝科提供園產加工實習教室與設備支持，及科主任陳嘉政的全力配合。居家清潔用品DIY單元由台灣大學農藝學系鄭誠漢技正協助。其中關西高中陳主任一直秉持教導學生將自己生產的原物料來融入園產加工中，透過個人創意、建構出農園產品的加值鏈，至今也推出不少的特色農產品，其精神與本書所秉持的理念相同。本書可提供作為香草植物學課程及高職園產加工的參考書，以及提供給香草愛好者作為體驗的工具書，期能造就新一代青年農民的生機與活力，並能促進國內香草產業的永續蓬勃發展。

國立臺灣大學農藝學系

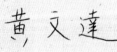

Contents

CHAPTER 1

認識香草植物 008

生活中常見的香草植物

栽培 × 手作 × 料理

Herbs plants

CHAPTER 1

認識香草植物

　　台灣於西元 1624 年荷蘭人入侵後，陸續引進多種香草植物，包括胡椒、蔥、茴香與薄荷等，以擴大農業生產，使得台灣成為印度、中國及日本等地的香料轉口地。

　　明末清初發展樟腦生產並逐漸擴大到香茅油、桂油與薄荷腦，於西元 1950 年台灣香茅油產量更達到世界 60%，隨後因工業發達，合成香料逐漸取代天然香料，香料作物產業隨即沒落。直到約西元 1990 年各農業單位與大學著手引進芳香料作物試種，西元 1995 年日本神戶大地震後芳香料作物產業在日本盛行，台灣隨即也感染這股風潮，業者於西元 1997 年推廣花果茶、花草茶與芳香精油等香料生活的新型態，自此種苗公司陸續引進各式香料作物種子，在西元 2000 年所有芳香料作物大部分皆已引進試種，也選拔出適合國內氣候栽培的品種。西元 2001 年起行政院農業委員會陸續在各地區辦理芳香料作物生活推廣之相關活動，促進國內農業的轉型。

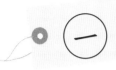

（一）何謂香草植物

　　國內習慣將香草植物稱為 Herbs Plants，Herbs 源自拉丁文「綠色的草」之意，也是藥用植物，後來慢慢擴大解釋為凡是對人類生活有幫助的草本類總稱，原以草本為主，現在擴大到木本，並持續增加中。2000 年台灣成立「台灣香草聯盟」產銷班，推廣的是歐洲的香草，使用「Herbs」這個字。實際上 Herbs 依成分還可細分為香味料類 Aromatic herbs、辛味料 Pungent（Spice）、酸味料類 Acid、甘味料類 Suger、苦味料類 Bitter、鹽味料類 Salt、香原料 Perfume、藥用 Medical（healing）、去味料 Masking 及染料 Dyeing 等十項，因此一般推廣的歐洲香草僅香味料類 Aromatic herbs，在文中我們所稱的香草植物應該至少涵蓋芳香料作物（aromatic crops）及辛香料作物（spice crops）。

香草植物的種類

　　目前適合國內氣候條件栽植的新興芳香料作物，有薰衣草、迷迭香、鼠尾草、奧勒岡、甜菊、千葉蓍、澳洲茶樹等；而常見辛香料作物則有胡椒、花椒、八角、肉荳蔻、肉桂、鬱金、茴香、香茅等。能周年生長、粗放管理的有土肉桂、花椒、圓葉土樟、月桂、胡椒、鬱金、紅球薑（大七厘）、香茅草、可因氏月橘（綠咖哩）、胭脂樹（紅咖哩）、澳洲茶樹、馬蜂橙、丁香羅勒、芳香萬壽菊、牙買加薄荷、墨西哥奧勒岡、金銀花、檸檬桉、越南芫荽、羅馬薄荷、馬郁蘭、迷迭香、甜薰衣草、七葉蘭、艾草、細葉香桃木、檸檬香茅等。

甜薰衣草

薄荷

紫蘇

檸檬香蜂草

越南芫荽

香草植物的功能

　　一般綠色植物就含有葉綠素，或多或少會有抗炎、抗氧化、清除自由基等功用，而這些香草植物被人類利用的歷史已久遠，在當時西醫藥尚未發達前，各地傳統醫學或民間習俗中也都標榜一定的特殊療效。在本書個論中也會介紹，但並非是要強調它們在保健上的功效，筆者一直認為香草植物如果聞不到、看不到、摸不到，很難體會，它屬於感官的植物，個人喜好不同，在不同情境，當下的喜好也會改變。

　　只有把香料活用，才能確定在個人生活中可扮演的角色。香料的味道，因人而異，所以需要自己親身體驗，如芳香療法的配方，是針對某人在某時間的生理狀況下，而調配出不同的配方，讓人心情感到愉悅，幫助新陳代謝才有效果，而不是只依靠香草植物的活性成分來達到療效。

 香草植物的栽培

既然要將香草植物融入我們的生活，那麼栽培過程中就要採取有機農法，才能建構一個健康又安全的「我家廚房～有機香草園」。

馬鈴薯

有機農業是遵守自然資源循環永續利用原則，不允許使用合成化學物質，強調水土資源保育與生態平衡之管理系統，並達到生產自然安全農產品目標之農業。有機農業的四大原則，健康（health）、生態（ecology）、公平（fairness）、謹慎（care），而有機栽培操作要成功的關鍵，掌握在生物多樣性精神與平衡。所謂生物多樣性是包括基因多樣性、物種多樣性與生態體系多樣性，也就是您的香草植物園應穿插種植不同種類的香草植物（如薰衣草、迷迭香、奧勒岡等不同物種），以及各種香草植物品種（如羽葉薰衣草、甜薰衣草、齒葉薰衣草、法國薰衣草等不同品種），另外還可以加入一些當令蔬果（如番茄、萵苣、蒜菜、馬鈴薯、菜豆、石蓮花、紅蘿蔔、蘿蔔、芋頭或茄子等）或穀類作物（如燕麥、玉米或樹豆等），採有機農法以維持園區微生物、昆蟲與動物生態，以生物多樣性觀念，除了可以創造視覺美感，並能降低病蟲害的發生規模。如此即能創造出兼具 Kitchen Garden 功能的香草植物園。

甜薰衣草扦插於珍珠石上。

　　採用盆栽方式時，澆水時機視盆栽內介質土壤與盆器內壁的情況來作業，當土壤與盆器內壁分離約距 1 ～ 2 公厘（夏季約 4 ～ 7 天；冬季約 10 ～ 30 天），再將整盆置入裝滿水的水桶中約 5 ～ 10 分鐘，移出瀝乾即可。此舉可避免表土鹽分累積與螞蟻、蟑螂藏匿。溫帶香草盆栽在夏季時，要移至面北或面東陽台，冬天則移至南向或西向陽台。

　　露地栽培時要善用生態池與板岩石材，夏季時可以降低香草植物根圈土壤溫度，有利植物越夏；灌木或木本植物遮蔽只需半日照即可。

　　香草植物最常使用的無性繁殖法為扦插和壓條，目前已演變出莖插、葉插、根插（扦插）、高壓、壓條和蓋土（壓條）等多種不同方式，但原理都是依賴植物本身分化或癒合能力的發揮，其最大優點在於可以獲得和親本完全相同形質的新族群，但並非每一植株百分之百都沒有變異，只不過它發生變異的比例非常低。

扦插

　　適合大部分草本香草植物，如薰衣草、薄荷、迷迭香與甜萬壽菊等，通常於春、秋季進行，一般家庭無專業噴霧苗床，可以選擇排水良好且濕度高的地方，例如灌木或矮小植株底下，以乾淨的土壤做扦插床。也可使用河沙、紅土、珍珠石或其他排水性良好的材料，放置於任何可排水的容器中，作為扦插床。

　　切取一～二年生、無病蟲害的優良枝條作為扦插材料。插穗為10～15公分枝條（約3～5節），留上半部葉片（插穗葉片太大時，於切取時便剪去1／2～2／3，以免蒸散作用強），除去下半部的葉片，2／3的插穗插入介質中（難發根植物可配合使用發根劑），另1／3露出，並壓緊介質以便枝條與介質緊密接觸。在植入所要的植物後，用透明的材料覆蓋在上面，以保持高濕度，在插穗尚未長出不定根之前，不要在介質上施用肥料。

STEP 1

適於春、秋季進行，選擇約半年生、末稍苗3～5節，約10公分的枝條來插穗。

STEP 2

於節下約0.5公分處剪下。

STEP 3

將下方 1／3
處葉片以剪刀
剪除。

STEP 4

將上方的葉片
剪除一半。

STEP 5

將修整好的插
穗暫時浸泡於
水中備用。

STEP 6

取一盆器，底部放置紗網。

STEP 7

裝填珍珠石約 8～9 分滿，並用
水澆濕。

STEP 8

將插穗水甩乾，底部沾取市售的
發根粉。

STEP 9

將盆器的珍珠
石挖洞。

STEP 10

將 1 / 3 插穗
置入洞內，並
輕輕填滿，壓
緊介質。

STEP 11

最後，在盆器套上塑膠袋以保
濕，放置於無太陽直射、陰涼明
亮處。

STEP 12

約 1～2 周長
出 3～5 條
根時，即可移
植。

STEP 13

定植後，先放置陰涼明亮處 1 周以馴化。

壓條

　　適合木本或灌木型的香草植物，或用扦插法不易長根的物種，以壓條法繁殖，可以有效地增加繁殖成功機率，如月桂、肉桂與圓葉土樟等。

　　壓條的定義，將想要繁殖的植物，保留在母樹上不剪下來，並在適當的地方去掉樹皮後以水苔包紮，直接在母樹上繼續由母樹供應養分和水分，直到刻傷部位長出約 5 ～ 6 條不定根後，才剪下來，另外種植成一棵新的植株。

　　壓條方法有頂壓、簡易壓條、溝壓、波狀壓條、甕土壓條及空中壓條等，其中空中壓條為一般最常用的壓條方式，春天是大多數植物最容易發根時期，因此適合進行壓條措施。

　　大部分的植物都可以藉由扦插與壓條互相配合使用的方式來繁殖。壓條的特色為所用材料成熟度可以較高，枝條較粗大，容易得到較粗壯的新植株。高壓繁殖去除幼年期的困擾與經濟上的損失。由這棵母樹壓條得到的新植株，一樣是已經過了幼年期，具有開始開花結果的能力，所以壓條所得到的植株與扦插法所得到的植株一樣，沒有幼年期的困擾，可以提早收成。

STEP 1

可於春、夏、秋季進行，選擇半木質化、樹皮還帶一點綠色的部位，較直且無分枝，長約 10～15 公分的枝條。

STEP 2

自節下區域 1 吋位置上下環割。（割抵至木質部）

STEP 3

去除環割處樹皮，再刮除木質部表面的形成層。

STEP 4

上方切口下緣沾發根粉。

STEP 5

取浸過水的水苔，擰乾至手緊握不再滴水程度，水苔平均分成兩坨。

STEP 6

水苔緊緊包覆於切口外。

STEP 7

取塑膠袋緊緊包覆兩
圈，上下以束帶紮緊。

STEP 8

約 2 ～ 3 月時，長出約
1 吋長的根 3 ～ 4 條，
即可準備剪下。

STEP 9

自束帶下方 0.5 公分剪
下，去除塑膠袋後，保
留水苔。

STEP 10

假植於盆缽，放置於陰涼
明亮處，約兩周再逐漸加
強日照，待根從盆缽底部
伸出，即可定植。

 香草植物的 病蟲害管理

　　病、蟲、草害採預防式管理策略，看到病害株、害蟲或雜草，立即將其移出您的園區即可。若不得已需要防治病蟲害，可採用一般有機農法常用的病蟲害防治資材，如栽培介質可添加木黴菌（木黴菌與土的比例約為 1：500），以抑制根部的病害，如根腐病。

　　蟲類防治可用葵無露（防治蚜蟲等小型蟲、白粉病）、苦茶粕（防治福壽螺、蝸牛）、煙草（防治紅蜘蛛）、蘇力菌（防治鱗翅目如蛾類）或辣椒蒜頭液等；使用前均應先依推薦稀釋後噴施，並先試用在小區葉片上觀察是否會有藥害，若有藥害則應再稀釋。一星期噴施 1～2 次。其中辣椒蒜頭液 DIY 配製簡單，辣椒（1 公斤，愈辣愈好）、蒜頭（1 公斤，要用切的，不能用果汁機打，容易壞掉），切完加酒精（95%，1.5 公斤）先靜置 10 分鐘消毒一下，再加水約2500c.c.（一定要少於 3000c.c.），密封、放置一個月後即可使用（稀釋 600～1000X）。

④ 香草植物的應用

香草植物傳統應用於生產乾燥香料、香草盆栽、抽取精油及烹調食品之添加等。由於近來農業趨向休閒化與多樣性，香料作物可作為農地保育的綠籬，如澳洲茶樹、檸檬桉、藍桉、土肉桂、迷迭香等，景觀休閒的覆蓋作物，如薰衣草、千葉蓍、甜萬壽菊、甘茴香等，地被植物，如科西嘉薄荷、貫葉金絲桃、百里香等，或進一步應用於飲食療法、芳香療法與衣冠療法等。未來發展應朝向有機生產與生物多樣性的永續經營為主，不僅能兼顧農地保育同時提供自然、有機與健康多元的農產品，並能面對大宗農產品進口之競爭。

香草植物的生活應用，原則上避免連續、長期使用，應多樣化輪替利用。使用時採收新鮮莖、葉、花直接利用、或切碎、以調理機打碎利用製冰盒冷凍保存，倒吊窗檯乾燥保存，浸泡於酒、醋、

油保存，直接當料理鹽，萃取精油使用等。料理時鮮葉使用量約占總食材的 1 ～ 2% 為原則，具藥效的植物如芸香其使用量需低於0.1%，第一次體驗的可食用香草植物建議先減量使用。

香草植物依功能用途區分，一般可分食用及非食用。在食用部分主要為廚房烹調用，再細分為調味料與佐料，起鍋前放的屬調味料，如酸、甜、苦、辣；佐料為起鍋後再放的，如沾醬、沾料、果醬或沙拉等。非食用部分則有香妝原料的精油、香皂、清潔用品等多項應用。

除此之外香草植物的運用很廣，其他如治療藥草、染料藥草或景觀藥草（現今園藝系推動景觀療法）等，深具開發潛力。

香草植物可以單獨或混合使用，一般常混合使用的有花草茶飲。本書為清楚呈現香草植物特有的香氣與滋味，每次 DIY 大多採用單一香草植物，同時也儘量打破各香草植物的習慣用法，鼓勵讀者依自己的感受，激盪出新的應用模式。

Herbs plants

CHAPTER 2

生活中常見的
香草植物

栽培 × 手作 × 料理

HERB 01.

細香蔥

Allium schoenoprasum L.

人們對於細香蔥的認知與使用已超過 5000 多年，不過直到 19 世紀前，有關它的紀錄仍然很少，且原產地已不可考。在全球各地不論緯度高低，幾乎都可找到野生種的蹤跡，主要栽培於歐洲至北美地區。

　　19 世紀後，歐洲已廣泛使用細香蔥，到西元 1950 年時，可全年供應冷凍乾燥後的細香蔥給人們食用。細香蔥的各部位香氣、滋味與洋蔥相似，也都含有揮發性的 di-n-proplyl disulfide 及相關衍生物成分，但較為溫和細緻而不辛辣，因此廣泛應用於料理之中，像是法國高級料理中的烤馬鈴薯奶油淋醬、海鮮燒烤用的優格佐醬等均普遍會添加細香蔥。

Allium schoenoprasum L.

科別：石蒜科 Amaryllidaceae

屬別：蔥屬 Allium

英文名：Chives, Bieslook（荷蘭），Civette（法國），Schnittlauch（德國）

別名：蝦夷蔥、胡蔥、回回蔥、蒜蔥、淺蔥（日本）

利用部位：莖、鱗莖、葉、花

用途：料理

栽培技巧：

・適合栽種月分：2 ～ 6 月
・花期：春、夏季
・日照：半日照～全日照
・水分：適中
・施肥：中度施肥
・溫度：16 ～ 27℃
・土壤：富含有機質之砂質壤土（pH6.0 ～ 7.0）
・繁殖方式：種子、分株

春、夏季會抽苔開紫色或粉紅色花。花聚生於花軸頂端。

日常照護時，需勤將枯萎葉拔除。

採收時，自土表往上約1吋處剪下。

修剪後置於陰涼處待其恢復，此時需減少澆水頻度。

於生長適期，植株每天可再伸長1～2公分。（圖為修剪後5天情況）

形態特徵　　細香葱的莖屬於鱗莖，甚小；葉細長，呈管狀、中空形，葉為深綠色，長15～25公分。春、夏季會抽苔開紫色或粉紅色花，花聚生於花軸頂端，為繖形花序；果實為膜質蒴果，內著生黑色種子。

療效及用途

細香蔥具有開胃助消化功能，且能驅逐蟯蟲和腸道寄生蟲，因此亦可作為一種溫和的防腐劑。

《本草綱目》菜部第二十六卷，菜之一記載：「胡蔥，辛、溫、無毒，助消化、療腫毒；鮮用辛平，熟轉甘溫；四月勿食胡蔥，令人氣喘多驚」。現代醫學研究發現細香蔥的葉、莖或鱗莖均具有抗氧化功能，其中又以葉部的功效最高。

新鮮的細香蔥葉部每 100 公克中，約含有維生素 A 4,353 ～ 5,800IU、維生素 B1 0.08mg、維生素 B 20.13mg、維生素 B6 0.138mg、菸鹼酸 0.5 ～ 0.647mg、維生素 C 55 ～ 59mg、維生素 E 0.21mg、鈣 69 ～ 92mg、鐵 1.6 ～ 1.8mg、鎂 42mg、磷 44 ～ 58mg、鉀 296mg、硒 0.9μg、鋅 0.56 mg。

細香蔥主要作為烹調時使用的調味料，可賦予溫和的洋蔥味。布置於香草園圃的邊緣作為裝飾，可防止土壤流失。在作物栽培管理上，細香蔥浸出液（乾燥細香蔥：沸水＝1：5）可用來預防部分植物白粉病與黑星病的發生。

使用注意事項

細香蔥乾燥或加熱烹調都會使其香氣快速散失，因此盡量新鮮時使用，或是利用冷凍乾燥法、鮮品冷凍保存（切碎裝袋冷凍或用製冰盒結成冰塊），以供非產期時使用。另外也可製成香草油、香草醋、香草奶油等加工品，以便應用於炒蛋、蛋捲、麵餅等料理。除了單獨使用外，細香蔥搭配其他香料如羅勒、義大利芹、荷蘭芹、茴香、時蘿、龍艾、甜萬壽菊、大葉石龍尾等也能呈現出絕佳風味。

細香蔥為多年生植物，喜冷涼氣候（忌高熱潮濕，植株易腐爛），最適合溫度為 16 ～ 26℃，2 ～ 6 月為盛產期，需提供半日照～全日照環境，最好種植在富含有機質之砂質壤土。台灣地區終年均可種植，唯夏季高溫時，需暫時將盆栽移置不會西晒的東方或北方花圃、陽台。

利用種子於春天播種或於春、秋季採用分株法繁殖，至少每 3 ～ 5 年需換盆一次（春、秋季適合分株換盆）。株高 20 ～ 30 公分時，自土表約 1 吋處剪下，於生長適期，每天即可再伸長 1 ～ 2 公分。

蔥油餅

新鮮細香蔥。

可連同鱗莖全株拔起利用。

材料

- 中筋麵粉 300 公克
- 鹽 1 ／ 8 小匙
- 細砂糖 10 公克
- 酵母粉 1 ／ 4 小匙
- 新鮮細香蔥 80 公克
- 橄欖油 1 ／ 2 小匙
- 麻油及白胡椒粉（或花椒粉）少許

作法

1

剪下的細香蔥切成約 1 公分長左右。

2 熱油鍋後加入細香蔥、麻油、胡椒粉炒香。

3 中筋麵粉過篩加入酵母粉、細砂糖、鹽混合均勻後，慢慢加入 160c.c. 溫開水，揉捻直到麵糰成形不黏手為止。

4 加入 1 / 2 小匙橄欖油揉 5 分鐘以增加麵糰筋性，靜置 40 分鐘發酵。

5 將發酵好的麵糰分成 4 等分，先擀成厚薄一致的圓形，再塗上麻油，加上炒香之細香蔥鋪滿麵皮。

6 用擀麵棍將蔥壓入麵糰中。

7 再從邊緣捲起麵糰，將蔥充分包起後拉成長條狀。

8 將長條繞成圓盤狀。

9 將麵糰壓平。

10 完成後可送進冰箱冷凍保存。

11 也可直接入鍋油煎。

HERB 02.

刺芫荽

Eryngium foetidum

繖形花科約有 270 屬，2,800 種，如芫荽、芹菜、茴香等都是其成員。其中刺芹屬（*Eryngium* spp.）成員大約有 230 種，原產於中南美洲加勒比海的小島，對熱帶氣候適應良好。刺芫荽於 19 世紀被引入到中國、東南亞（中南半島、馬來西亞、印度尼西亞）的大部分地區，由於具有辛香的刺激性氣味，可作為芫荽的替代調味品，為當時人們喜愛的滋補品與治咳嗽藥草。

刺芫荽乾燥葉片可抽取 0.1 ～ 1% 精油，主要成分為十二烯醛（dodecanal）、癸烯醛（decanal）和甲基苯甲醛（trimethylbenzaldehyde），獨特刺激性氣味來自於十二烯醛和癸烯醛。不同產地之精油成分差異很大，如十二烯醛類含量可從 1.32% 到 68%，其中馬來西亞（59.72 %）、印度（45.9 %）、孟加拉（37.4 %）、西非（15.9 ～ 37.5 %）。此外，由不同部位抽取的精油成分也有差異，根部抽取的精油以不飽和脂環族或芳香族醛類為主（trimethylbenzaldehyde，40%），種子精油則含倍半萜類化合物為主（carotol，20%；β-farnesene，10%），無醛類化合物。

Eryngium foetidum

科別：繖形花科 Apiaceae

屬別：刺芹屬 *Eryngium*

英文名：Long coriander, Culantro, Wild coriander

別名：日本芫荽、洋芫荽

利用部位：根、葉

用途：料理、精油

栽培技巧：
- **適合栽種月分**：1 ～ 12 月
- **花期**：夏、秋季
- **日照**：半日照～全日照
- **水分**：適中
- **施肥**：適中
- **溫度**：10 ～ 30℃
- **土壤**：酸性壤土
- **繁殖方式**：種子、分株

刺芫荽的根生葉。

刺芫荽的花序。

療效及用途

　　刺芫荽幼葉、芽和嫩枝等可直接作為調味料，和魚、肉類一起料理可掩蓋腥臭味。秋天的植株根部富含礦物質，可醃製醬菜和作為蔬菜，也可加糖煎煮用於改善感冒、肺炎、尿道炎、便秘和關節炎等。取其葉和根煎煮製成膏藥可促進組織再生，此外，它的氣味具有驅蛇作用。新鮮葉約含 86～88% 水分，3.3% 蛋白質，0.6% 脂肪，6.5% 碳水化合物，1.7% 灰份，0.06% 磷，0.02% 鐵；每 100 公克的乾燥葉片富含維生素 A10,460IU，維生素 B2 60mg，維生素 B1 0.8 mg，維生素 C 150～200mg。

使用注意事項

　　葉片在乾燥狀態時仍帶有芳香，可加以保存利用（芫荽葉片乾燥後香氣會大為降低）。刺屬於軟刺，只要將葉片切碎就可以利用。

形態特徵

　　刺芫荽是二年生草本植物，喜歡在耕地附近陰暗潮濕的環境下生長，以種子方式傳播，自播性很強。葉可分成根生葉與莖生葉二種，其中根生葉著生於植株基部，葉片為長舌形或倒披針形，長 8～30 公分，寬約 4 公分，邊緣有粗鋸齒；而莖生葉著生在每一叉狀分支的基部，對生、無柄，葉片較小，邊緣有深鋸齒。在莖的分叉處或上部枝條會著生聚集成單球狀的纖形花序，4～12 月開花結果，花呈白色、淡黃色或草綠色；果實為卵圓形或球形。

防蚊液

材料

- 刺芫荽精露 70 公克（取新鮮刺芫荽葉片剪碎後以蒸餾法取得含精油之液體）
- 70% 酒精 30 公克
- 薄荷結晶 1 克
- 冰片 1 克

酒精　刺芫荽精露

薄荷結晶　冰片

·作法·

1

先取 70% 酒精 30 公克，接著加入薄荷結晶及冰片各 1 克，均勻攪拌到完全溶解。最後加入 70 公克刺芫荽精露，混合均勻。

2

裝入噴嘴瓶中即成為防蚊液。噴施在體表後，可再用手掌適當抹勻，防蚊效果更佳。

HERB 03.

甜萬壽菊

Tagetes lucida

甜萬壽菊原產於中美洲和墨西哥，又稱為「墨西哥香艾菊」，當地常利用其乾燥後的葉片和花來泡茶，以感受那舒適清爽的茴香味。早期甜萬壽菊被視為藥用植物，在墨西哥惠丘（Huichol）地區的印第安人會將甜萬壽菊混入菸絲，以改善憂鬱症與焦慮症。墨西哥西北部遊牧民族阿茲特克人（Aztecs）偶爾會焚燒具有輕微鎮定作用的妖特里（yauhtli），據說其就是粉末狀的萬壽菊。甜萬壽菊葉片具有龍蒿般滋味與八角香味，香氣成分以艾草腦（estragole）、茴香醚（anethole）、丁香酚（eugenol）為主，在熱帶地區已經成為龍蒿的替代品，並作為烹調用的香草。

Tagetes lucida

科別：菊科 Asteraceae

屬別：萬壽菊屬 *Tagetes*

英文名：Sweet marigold, Winter tarragon, Mexican tarragon

別名：墨西哥萬壽菊、墨西哥龍艾、墨西哥香艾菊

利用部位：葉、花

用途：料理、染色

栽培技巧：

· 適合栽種月分：1 ～ 12 月

· 花期：春、秋季

· 日照：全日照

· 水分：適中

· 施肥：適中

· 溫度：15 ～ 28℃

· 土壤：壤土

· 繁殖方式：扦插

甜萬壽菊的長橢圓柳葉狀
葉片。

秋季為開花盛期。

療效及用途

　　新鮮或乾燥的葉片都可用來替代龍蒿,加入
沙拉、醬汁、湯、雞肉等料理的調味,乾燥的莖、
葉可燃燒作為驅蟲薰香,花也可供作烹調食物時
的黃色染料。現代醫學研究發現甜萬壽菊的根、
莖、葉或花的甲醇萃取物,可有效抑制金黃色葡
萄球菌、大腸桿菌或白色念珠菌的生長,具有明
顯的抗菌效果。

使用注意事項

　　葉片乾燥後仍能保留其香氣。冬季乾旱時地
上部會停止生長,春天時就會再由莖基部長出新
的枝條。

形態特徵

　　甜萬壽菊是一種多年生的植物,葉片是單葉,呈長橢圓柳葉狀,約 3～7 公分
長,葉緣有細鋸齒,葉片表面質地蠟質,呈亮綠色。植株外形與法國龍蒿(*Artemisia
dracunculus*)相似,但法國龍蒿的葉片為藍綠色,株高約 46～76 公分,分枝性
很差。甜萬壽菊有短日開花的習性,夏天很少開花,入秋後花朵數目較多,花呈金
黃色,約 1.3 公分,單瓣,具 3～5 舌狀花。

材料

- 雞蛋 3 顆
- 甜萬壽菊 10 公克
- 義大利綜合香料少許
- 鹽少許
- 油少許

家常煎蛋

作法

1 將甜萬壽菊葉片清洗乾淨後擦乾，切成細末；接著將雞蛋打散。

2 將葉片細末倒入蛋液中攪拌均勻。

3

鍋中倒入少許油並加熱。

4

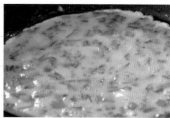

倒入混合細葉末的蛋液。

5

煎至二面微焦，接著撒入鹽及義大利綜合香料。

6

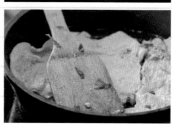

將煎蛋切片盛盤即可。

HERB 04.

芳香萬壽菊

Tagetes lemmonii

萬壽菊屬（*Tagetes*）歸類在菊科，有高達 55 個品種分布於世界各地，其中芳香萬壽菊原產於熱帶美洲，分布從美國南部經墨西哥到南美洲的安第斯山脈、阿根廷等地。自古民間就用於治療絞痛、腹瀉、嘔吐、皮膚和肝臟疾病等。

　　葉片具有濃郁的甜香，香味有如成熟的百香果再加上一點薄荷、樟腦味，是蝴蝶和蜜蜂喜愛的蜜源植物。芳香萬壽菊植株含精油約 0.17 ～ 0.3 %，主要成分為胡椒酮（piperitone， 33.77 %），trans-β-ocymene（14.83 %），萜品油烯（terpinolene，13.87 %）和 β-石竹烯（β-caryophyllene，9.56 %）。精油對導致人類致病的革蘭氏陽性和陰性細菌，有顯著的抗菌活性。

Tagetes lemmonii

科別：菊科 Compositae

屬別：萬壽菊屬 *Tagetes*

英文名：Lemon mint marigold, Mexican bush marigold, Lemon scented marigold

別名：香葉萬壽菊、檸檬薄荷萬壽菊、柑橘萬壽菊

利用部位：葉、花

用途：茶飲、香妝、染料

栽培技巧：
- 適合栽種月分：5 ～ 10 月
- 花期：秋～春季
- 日照：半日照～全日照
- 水分：適中
- 施肥：適中
- 溫度：10 ～ 30℃
- 土壤：偏鹼性壤土（pH7.6 ～ 8.5）
- 繁殖方式：種子、扦插

芳香萬壽菊為羽狀複葉，
對生，小葉 5～7 枚。

芳香萬壽菊為短日照植物，開黃色的花。

療效及用途

　　芳香萬壽菊含有的萬壽菊素
（patuletin）、萬壽菊苷（putuletrin）
和類黃酮等，具有抗炎、抗菌、助消
化、清熱及殺蟲等功效。花、葉可供
料理或茶飲，但少量為妥，花朵可萃
取黃色色素作為染色劑。植株耐逆
境，耐修剪，生性強健，呈現灌木狀
生長，適合作為庭園綠籬。

使用注意事項

　　芳香萬壽菊為多年生的植物，分
枝性很差，若不修剪幾乎沒有分枝。
若宿根栽培，於 2 月回春時進行第一
次修剪，約 4 月開花，夏至前再進行
第二次修剪，10 月就會進入盛花期，
經修剪後開花會較齊平。

形態特徵

　　芳香萬壽菊為多年生常綠草本植物，植株直立性，高約 30～ 100 公分，幼枝呈
褐紅色。葉為對生的羽狀複葉，小葉 5～7 枚，呈狹橢圓形或披針形，葉緣鋸齒狀，
近基部的葉片退化呈小芽狀。短日植物，開黃色的花，頭狀花序，舌狀花有 5～8
片，秋天花數比較多，到春天僅開出稀疏的黃花。

生活中常見的香草植物　栽培 × 手作 × 料理

護唇膏

材料

- 乾燥金盞花 100 公克
- 乾燥洋甘菊 100 公克
- 乾燥芳香萬壽菊 100 公克
- 苦茶油 1200 公克
- 蜂蠟

作法

1
先將新鮮採集下來的芳香萬壽菊葉片洗去灰塵後風乾。

2
混合乾燥的洋甘菊、金盞花等，再加入苦茶油，適當攪拌之後要使油淹過乾料，浸泡至少 1 個月。過程中可每星期上下翻動攪拌一次。

3
取已浸泡完成的香料苦茶油，加入約過濾油重量 20% 的蜂蠟。

4
隔水加熱至均勻溶解，溫度保持在 65℃ 左右，避免過高溫度殺死蜂膠內的天然抗生素。趁液態狀時倒入護唇膏罐中。

艾草

Artemisia indica Willd.

艾草主要分布於北半球溫帶地區，原產於溫帶的歐洲和亞洲，現在為北美地區常見雜草，亞洲主要分布在印度、中國、日本和尼泊爾等地。

艾草利用歷史甚早，在《詩經》、《爾雅》、《本草綱目》均有記載，葉片揉碎後具芳香，略有苦味。端午節時會將榕枝、昌蒲和艾草插掛在家門口以避邪，中午時分將艾草煮水沐浴淨身。艾草精油具有殺菌功效，但其精油含量很低，只有 0.03 ～ 0.3%，幼嫩的植株精油含量更少。植株含有豐富的萜烯和萜烯衍生物，如 1,8 桉樹腦（1,8 cineol）、樟腦（camphor）、芳樟醇（linalool）、側柏酮（thujone）、龍腦（borneol）等。

Artemisia indica Willd.

科別：菊科 Compositae

屬別：艾屬 *Artemisia*

英文名：Asiatic mugwort, Artemisias, Asiatic wormwood

別名：蘄艾、艾蒿、艾絨、五月艾、大艾仔、打粄艾、灸草、艾仔、醫草

利用部位：葉

用途：沐浴、精油

栽培技巧：
- 適合栽種月分：1 ～ 12 月
- 花期：秋季
- 日照：半日照～全日照
- 水分：適中
- 施肥：適中
- 溫度：14 ～ 30℃
- 土壤：壤土
- 繁殖方式：種子、扦插

葉呈 1～2 回羽狀深裂葉。

景觀品種斑葉艾草。

療 效 及 用 途

　　艾草最早是民俗藥用植物，性味苦、辛、溫，可調理氣血，驅寒、去濕，具有改善濕疹、皮膚癢、關節痛、神經痛、下痢、胃潰瘍、頭痛與心腹冷痛等的功效，並可驅蚊蟲、蚯蚓。艾草葉稍微以熱水殺菁之後，和糯米一起搗成麻糬或製成艾草糕，不但會呈現出漂亮的綠色，還帶有獨特芳香。

使 用 注 意 事 項

　　艾草若直接栽種於香草園中，因分生根狀地下走莖會強勢拓展其生長範圍，建議採取盆栽方式種植。

形態特徵

　　為多年生草本，高 6～15 公分，莖直立，多分枝，全株疏生灰白色柔毛或後脫落。葉片互生，葉柄短或無柄，背面密生灰白色絨毛，正面則為灰色或淡黃色絨毛；葉呈卵形或長橢圓形，長 0.6～1.2 公分，寬 0.3～0.8 公分，具 1～2 回羽狀深裂，上部裂片較大，有時中脈二側有狹翅。8～10 月開花，為無柄或花梗不明顯的圓錐形頭狀花序，花冠狹管狀，直徑 0.2～0.25 公分，具短梗及小苞葉，直立，花後斜展或下垂，在分枝上排成穗狀式的總狀花序或複總狀花序，可長達 18 公分。瘦果為長橢圓形無冠毛。

家事洗衣乳

材料

- 皂團 [內含 1000 公克椰子油、266 公克 95% 氫氧化鉀、750 克艾草精露（取艾草葉片，以蒸餾法取得含精油之液體），均勻攪拌即成皂團。]

椰子油　　　　艾草精露

point

●‧作法‧●

1 將材料加上氫氧化鉀，均勻攪拌即成皂團。也可以將皂團用塑膠袋裝好封口，保存一個月使其完全皂化後，在不鏽鋼鍋中以溫水來溶解捏成小塊的皂團，並適度攪拌以加速溶解。

2 皂團與水（重量比）約 1：2～3。先將水煮沸，再將皂團捏成小塊放入沸水中持續以小火加熱並保持煮沸的狀態，時間持續約 15 分鐘後熄火。

3 溶解完成即為香草家事洗衣乳。

HERB 06. 金銀花

Lonicera japonica Thunb.

原產於亞洲東部，包括日本、韓國、中國和台灣，在北美洲這是一個重大的侵入種。因花朵會由白色轉變成黃色，因此採摘乾燥後會有兩色參雜，故名「金銀花」。又因植株遇冬季低溫會生長停滯，但莖葉仍能維持綠色，又稱「忍冬」。

精油主要成分為橙花叔醇（trans-nerolidol 16.31%）、石竹烯氧化物（caryophyllene oxide11.15%）、芳樟醇（linalool 8.61%）、p-cymene（7.43%）、hexadecanoic acid（6.39%）、eugenol（6.13%）等。

Lonicera japonica Thunb.

科別：忍冬科 Caprifoliaceae

屬別：忍冬屬 *Lonicera*

英文名：Honeysuckle flower, Japanese honeysuckle

別名：銀花、雙花、二寶花、忍冬花、鷺鷥花、山金銀花、土忍冬、土銀花

利用部位：莖、葉、花

用途：茶飲、藥用

栽培技巧：
- 適合栽種月分：1～12月
- 花期：春、夏季
- 日照：半日照～全日照
- 水分：耐旱
- 施肥：適中
- 溫度：5～30℃
- 土壤：壤土
- 繁殖方式：種子、扦插

金銀花葉片對生，枝葉披覆絨毛。　　　花朵成對，自葉腋伸出，花朵初為白色，後期轉為黃色。

療效及用途

藥理和臨床的研究已經證實，金銀花的莖、葉可保肝、抗微生物、抗氧化、抗病毒、抗炎、抑制酪氨酸酶和黃嘌呤氧化酶等的功效。乾燥的花苞可泡茶，可解毒、退火、消炎；莖、葉亦可入藥，可止渴、清熱等，是不可多得的消夏解渴良藥。

使用注意事項

嫩葉和花冠滋味苦甘，當野菜食用前先用熱水汆燙以去除苦味，再炒食或煮湯。

形態特徵

金銀花為多年生常綠攀緣植物，莖葉披覆絨毛。葉對生，呈橢圓形，紙質全緣，長約3～6公分，寬約2.5～4公分；於春、夏季開花，成對腋生，花冠細長呈管狀，略微彎曲，長1～3公分，先白色，後期轉黃色，氣味清香，滋味微苦。

清潔漂白皂粉

材料

• 皂團 [內含 1000 公克椰子油、266 公克 95% 氫氧化鉀、750 克金銀花精露：小蘇打（碳酸氫鈉）：過碳酸鈉 =1：2：2。金銀花精露（取新鮮金銀花葉片或花朵以蒸餾法取得含精油之液體)]

椰子油

point

金銀花精露

氫氧化鉀

·作法·

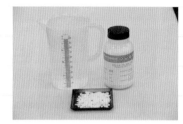

1 先將適量椰子油及精露混合均勻，再慢慢加入氫氧化鉀溶解，並均勻攪拌成皂團。

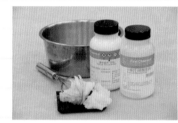

2 皂粉材料為皂團、小蘇打及過碳酸鈉。

3 秤取重量比為 1（皂團）：2（小蘇打）：2（過碳酸鈉），放入不鏽鋼鍋中，用手混合搓揉成細粉，即成皂粉。

HERB 07.

玫瑰天竺葵

Pelargonium graveolens

天竺葵源自南非、留尼旺、馬達加斯加、埃及和摩洛哥等，17 世紀被引種到歐洲義大利、西班牙和法國等地栽培。天竺葵屬大約有 220 種，其中 80% 原產地為南非好望角，19 世紀期間英國即廣為栽植各式香味天竺葵，其中玫瑰天竺葵為最具代表性之芳香天竺葵品種，在法國香水工業中即以廉價的玫瑰天竺葵葉精油來替代玫瑰花精油。目前，世界上玫瑰天竺葵精油大部分由中國供應，其次是埃及。從乾燥的玫瑰天竺葵葉片中可萃取 0.19 ～ 0.3 % 精油，主要成分為香茅醇（β-citronellol 16 ～ 45%）、香葉醇（geraniol 4 ～ 18%）、芹子烯（δ-selinene 8.69%）、薄荷酮（menthone 1 ～ 4%）、芳樟醇（linalool 2 ～ 12%）。

Pelargonium graveolens

科別：牻牛兒苗科 Geraniaceae

屬別：天竺葵屬 *Pelargonium*

英文名：Rose geranium

別名：花頭天竺葵、檸檬天竺葵

利用部位：莖、葉、花

用途：茶飲、料理、精油

栽培技巧：
- 適合栽種月分：2 ～ 10 月
- 花期：春、夏季
- 日照：半日照
- 水分：濕潤
- 施肥：多
- 溫度：15 ～ 26℃
- 土壤：有機壤土
- 繁殖方式：扦插

玫瑰天竺葵。　　　　　　　玫瑰天竺葵葉片。　　　　　　椰香天竺葵花朵。

療效及用途

　　玫瑰天竺葵是天竺葵屬中提煉精油的主要品種，常被添加於芳香療法或化妝品中，另飲料、果醬、糖漿、醃漬、醬料、甜點、泡茶或糕點中也會添加以增添香氣。在傳統醫學上玫瑰天竺葵具有抗抑鬱、舒緩鎮靜、抗真菌、消炎鎮痛、收斂止血、收縮毛孔、利尿、驅蟲等功效。在北非突尼西亞民俗療法中，他們會將玫瑰天竺葵應用在高血糖的治療，Boukhris 等人（2012）研究發現玫瑰天竺葵確實具有開發成替代抗高血糖藥物的潛力。

使用注意事項

　　美國食品和藥物管理局（FDA）的一般安全認定法則（Generally Recognised As Safe, GRAS），將玫瑰天竺葵精油列為具安全規範的食品；若未於 GRAS 表列的其他品種天竺葵，應謹慎使用，避免用於料理用途，尤其是在懷孕期間。

形態特徵

　　玫瑰天竺葵為狀似亞灌木的多年生草本，直立，多分枝，株高約 30～130 公分，具肥厚多汁的肉質莖。葉互生，葉柄長，葉形掌狀淺裂接近圓形，莖葉表面被覆細密絨毛，毛茸茸的莖觸感柔軟，葉子具強烈的玫瑰香味。春、夏季時開粉紅色豔麗的花朵，春季為開花盛期。

鳳梨香草果醬

材料

- 鳳梨果肉 1300 公克
- 白砂糖 1300 公克
- 檸檬 1 顆
- 玫瑰天竺葵葉片 39 公克
  （約 3%）

・作法・

1

將採收下來的玫瑰天竺葵葉片清洗乾淨後，切成細末。

2

將鳳梨切丁。

3 加入白砂糖，以小火熬煮。

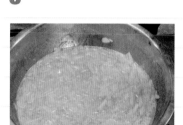

4 接著加入檸檬汁後繼續熬煮。

5 過程中記得充分攪拌以避免燒焦。

6 熬煮約 1 小時，直至鳳梨糖漿滴到水裡不會散開為止。

7 最後加入玫瑰天竺葵葉片細末，充分攪拌後再煮 1 分鐘。

8 完成後裝罐，鎖上瓶蓋，倒扣至熱水中約 10 分鐘殺菌。

9 鳳梨香草果醬成品。

天竺葵品種介紹

　　天竺葵，牻牛兒苗科（Geraniaceae），天竺葵屬（*Pelargonium*），本屬約含230 種，主要為常綠多年生亞灌木或灌木。葉圓形或長春藤形，具淺裂或深裂；花簇生，有多種顏色。依用途可簡單分成觀賞花類與香葉類，其中香葉天竺葵整個植株都有濃郁香味。國內香葉天竺葵常見的商業品種有玫瑰天竺葵（*Pelargonium capitatum*）、檸玫瑰天竺葵（*P. graveolens*）、杏果天竺葵（*P. scabrum*）、巧克力天竺葵（*P. quercifolium*）、薰衣草天竺葵（*P. × fragran*）與檸檬天竺葵（*P. × asperum*）等。

玫瑰天竺葵　檸玫瑰天竺葵　杏果天竺葵

巧克力天竺葵　薰衣草天竺葵　檸檬天竺葵

奧勒岡

Origanum vulgare L.

奧勒岡原生於歐洲、北非、西亞，並向東延伸經過南亞的山地。一般生長於歐洲地中海沿岸日照充足的傾斜緩坡上，主要在希臘、義大利以及西班牙一帶。中世紀醫師將奧勒岡用於改善視力與消化不良，以及用於蜘蛛或蠍子咬傷的外敷。在義大利，原生奧勒岡它的香氣被廣泛應用在食物調理上，尤其是和羅勒一起混合在番茄醬中，作為披薩的醬料，因此奧勒岡也被稱作「披薩草」。因其外形和薄荷相似又具有特殊香氣，開花時花小，但密集且數量多，所以又稱為「花薄荷」，但在台灣地區開花時只有零星幾朵。

奧勒岡在中國被稱為「牛至」，是中藥的一種，主要用在治療咳嗽、支氣管炎等呼吸系統的毛病。奧勒岡的香氣類似樟腦氣味，帶點溫暖而略苦的清香，它的香氣成分很複雜，主要是由 >50% 百里香酚（thymol）和 12% 香旱芹酚（carvacrol）及一些單烯碳水化合物所組成。

Origanum vulgare L.

科別：唇形花科 Lamiaceae

屬別：花薄荷屬 *Origanum*

英文名：Oregano, Wild marjoram

別名：牛至、花薄荷、披薩草

利用部位：葉

用途：料理、精油

栽培技巧：

・適合栽種月分：2～10月
・花期：台灣不開花
・日照：全日照
・水分：喜乾燥
・施肥：適中
・溫度：14～28℃
・土壤：砂質壤土
・繁殖方式：種子、扦插

奧勒岡對生的心形葉片。

左為黃金奧勒岡，右為奧勒岡。

療效及用途

　　奧勒岡具有治療頭痛、腹瀉、昆蟲咬傷、咳嗽的功能。在原產地，希臘最早是由牧羊人發現它可以改善烹調羊肉的腥味，在肉類為主的飲食中，和馬鈴薯、沙拉均可混合搭配。奧勒岡葉片所含的營養素很高，每 100 公克乾燥的葉片中約含有維生素 A 6,903 IU、維生素 B1 0.34 mg、維生素 B2 0.4 mg、菸鹼酸 6.2 mg、維生素 C 12 mg、鈣 1,576 mg、鐵 44 mg、鎂 42 mg、磷 200 mg、鉀 1669 mg、鋅 4 mg。

使用注意事項

　　奧勒岡用種子播種常會種出香氣較淡的植株。無性繁殖法有扦插及壓條，但以扦插法為主，約 14 ～ 21 天即可發根。壓條法是將橫生枝條的基部壓於土中，發根後切離即可。若要種於花圃，取奧勒岡長度約 30 公分左右。一般奧勒岡在平地栽培很少開花，要適時採收、順便摘心，以促進側芽生長，產生更多的枝葉繼續收穫。料理時在起鍋前才將乾燥葉片揉碎加入，以免香氣因熱氣而揮發。

形態特徵

　　葉片對生，呈心形，莖和葉上均布滿粗長毛，未開花時植株匍匐於地面上，高約 5 ～ 10 公分，但開花時植株快速竄高，可達 50 ～ 60 公分，同時葉也由心形轉變為長橢圓形。頂端分化為花序，花同樣兩兩對生，花瓣二唇，花萼五裂成管狀，整個花序呈繖形，或密集或疏鬆，花粉紅色或白色，花萼紫紅色，依品種而異。由於在台灣平地幾乎不開花，且因為種子後代香氣不一致，還是以鑑別奧勒岡香氣為分辨品種的方法。黃金奧勒岡 Golden Oregano（*O. v.* 'Aureum'）這個品種外形和奧勒岡一樣，但葉呈金黃色，尤其在陽光下生長者葉色更是亮麗，在遮陰環境下則呈黃綠色。香氣較淡，多做為觀賞植物。

香草披薩

材料

- 高筋麵粉 250 公克
- 中筋麵粉 250 公克
- 鹽 2 小匙
- 糖粉 2 小匙
- 酵母粉 1 小匙
- 新鮮奧勒岡葉片 15 公克
- 義大利麵醬 4 大匙
- 橄欖油 2 大匙

point

修剪時自上端（不含新生芽）第 3～4 節處剪下（剪節上 1 公分處）

‧作法‧

1 剪下新鮮奧勒岡枝葉洗淨、晾乾，去除梗僅取葉片。

2 將葉片切成約米粒大小，分成三等分。

3 將高筋及中筋麵粉過篩，取三分之一切碎的葉片加入麵粉中，並加入酵母後攪拌均勻。

4 取 250 c.c. 熱開水將鹽及糖溶入溫水攪拌，分次加入。

5 揉成不沾手且不沾器皿的麵糰。

6 加上 2 大匙橄欖油於麵糰中，蓋上保鮮膜於室溫下發酵約 1.5 小時。

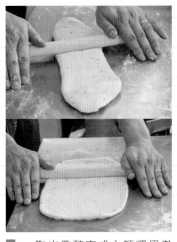

7 取出發酵完成之麵糰用擀麵棍趕出空氣，並擀成厚薄一致的披薩皮。

8 取三分之一切碎的葉片加入義大利麵醬中，並攪拌均勻。

9 將香料麵醬塗在披薩皮上。

10 放上切片番茄。

11 撒上最後三分之一的奧勒岡切碎葉片及起士絲。

12 烤箱溫度為210℃，烘烤20分鐘。

HERB 09.

馬約蘭

Origanum majorana

馬約蘭原產於土耳其與西亞地中海沿岸的溫帶國家，味道清新溫和，濃郁而香甜。在古歐洲時期馬約蘭代表喜悅與榮譽，古羅馬的新婚佳人會戴上馬約蘭花冠。在啤酒花尚未發現前，為釀造啤酒的原料。藥用、料理或是乾燥莖葉做成香包，都很受到歡迎。馬約蘭含有與奧勒岡相仿之百里香酚（thymol）和香旱芹酚（carvacrol）成分外，還含有二環單烯醇（bicyclic monoterpene alcohol），這也是它甜味的來源。

Origanum majorana

科別：唇形花科 Lamiaceae

屬別：花薄荷屬 *Origanum*

英文名：marjoram, Sweet marjoram, Knotted marjoram

別名：牛至、牛膝草、馬郁蘭

利用部位：葉、嫩芽、花

用途：料理、精油、藥用

栽培技巧：

· **適合栽種月分：**1 ～ 12 月

· **花期：**夏季

· **日照：**半日照～全日照

· **水分：**喜乾燥

· **施肥：**適中

· **溫度：**10 ～ 28℃

· **土壤：**砂質壤土（pH4.9 ～ 8.7）

· **繁殖方式：**種子、扦插

馬約蘭植株直立生長。

頂生的白色球狀花序。

療效及用途

　　馬約蘭可改善氣喘、消化不良等毛病。在香草烘焙中馬約蘭餅乾更是著名的產品。每 100 公克乾燥的馬約蘭葉片，約含有維生素 A 8,068 IU、維生素 B1 0.29 mg、維生素 B2 0.32 mg、菸鹼酸 4.12 mg、維生素 C 51.43 mg、維生素 E 0.21 mg、鈣 1,990 mg、鐵 83 mg、鎂 346 mg、磷 306 mg、鉀 1,522 mg、鋅 4 mg。

使用注意事項

　　馬約蘭播種栽植的後代香氣較穩定，秋天播種，將種子播於潮濕的土壤中，不須覆土或稍微覆土，經 8 ～ 15 天即可發芽。無性繁殖以扦插法為主，約 14 ～ 21 天即可發根。壓條法是將橫生枝條的基部壓於土中，發根後切離即可。若要種於花圃，馬約蘭株距約為 20 公分。在花苞出現時香氣最為濃郁，可以採收帶葉的嫩枝條，乾燥後的香氣比新鮮的還要明顯，乾燥時以 40℃ 熱風乾燥的顏色較青翠，香氣也較能保留。料理時在起鍋前才將乾燥葉片揉碎加入，以免香氣因熱氣而揮發。

形態特徵

　　馬約蘭為一年生或多年生半耐寒的草本植物，葉片小，卵形，長約 0.5 公分，有細絨毛，呈白綠色。夏季開花，花白色，花多而茂盛，開花時球形花序呈煙火狀，極具觀賞價值，待花謝後宜修剪掉殘花以促使枝條再生。馬約蘭喜歡生長在排水良好的地方，在初定植時給予充足水分讓根部能夠吸收成長，確定成活後，就必須待土壤稍乾後再澆水。馬約蘭在高光照環境下生長旺盛，冬季只有在光線充足的環境其葉片精油含量才會提高；夏季陽光強烈，可將植株移到半日照的場所，或是旁邊有較高香草植物以遮去部分陽光。

香草吐司

材料

- 高筋麵粉 1800 公克（不必過篩）
- 水 982.8 公克
- 鹽 31.2 公克
- 白糖 78 公克
- 酵母粉 46.8 公克
- 奶粉 62.4 公克
- 奶油（白油）62.4 公克
- 改良劑 15.6 公克
- 馬約蘭及鼠尾草葉片各 18 公克

point

剪下馬約蘭嫩枝條，去除枝梗只取葉片部位並切細。

作法

1

奶油先隔水加熱融化，加入鹽、白糖溶解均勻後降溫備用。

2 將高筋麵粉、奶粉、酵母粉等加入大盆中,用攪拌器先低速拌均勻,再以高速並加水攪拌成麵糰。

3 將攪拌機轉成低速,加入步驟 1 的奶油,使麵糰吃油吸乾。

4 攪拌機調成中速,繼續攪拌到出筋(此時可加入約 100 公克乾粉來調節麵糰的乾濕度,將麵糰拉長、有彈性即可),此時麵糰具延展性,表面乾燥光滑。

5 將麵糰分成 2 等份,分別加入新鮮並切碎之香草葉片,均勻揉成麵糰後,以保鮮膜封住,發酵 1 小時。

6 將麵糰分成 3 等分，用擀麵棍擠出空氣，捲起來切成 4 等分

7 擀均勻後捲起，放入吐司模具中（麵糰高度離模具 1 公分即可），用保鮮膜封住發酵 20 分鐘。

8 表面塗抹蛋汁。

9 進烤箱，以上火 160℃、下火 220℃，烤約 35 ～ 40 分鐘即可。

HERB 10. 綠薄荷

Mentha spicata

薄荷原產歐亞溫帶區域，中國全區均有栽培，日本、韓國亦有栽種，台灣引種於田園為多年生草本。早在羅馬時期，人們相信在牛奶中加入薄荷葉可增加保存期限，減緩牛奶變酸；或者加在洗澡水、漱口水中有提神醒腦的效果。在野外遭蜜蜂螫傷時，立即敷上搗碎的薄荷葉，可以減輕疼痛。鄉下人在招待貴客前，也會以薄荷葉擦拭餐具。薄荷常添加於現代生活中的綠油精、口香糖、糖果、牙膏等，賦予清涼感受。綠薄荷所含的揮發油（精油）0.15～0.30%，以藏茴香酮（carvone）為主，含量約 $160\mu g\ g^{-1}$～$200\mu g\ g^{-1}$，其他成分還有檸檬烯（limonene，檸檬味、可抑菌）、薄荷腦（menthol，可提神、消腫）、薄荷酮（methone，可鎮痛）等。

Mentha spicata

科別：唇形花科 Lamiaceae

屬別：薄荷屬 *Mentha*

英文名：Spearmint

別名：荷蘭薄荷、留蘭香

利用部位：莖、葉

用途：料理、精油

栽培技巧：

· **適合栽種月分**：3～4月、9～10月適合播種，4～5月適合扦插

· **花期**：夏季

· **日照**：半日照～全日照

· **水分**：濕潤

· **施肥**：肥沃

· **溫度**：10～28℃

· **土壤**：砂質壤土

· **繁殖方式**：種子、扦插

葉呈十字對生。

花序腋生的中國薄荷。

黃金薄荷為綠薄荷的色素
突變種。

療 效 及 用 途

　　薄荷的用途極廣，一般在健胃劑、驅風劑、發汗劑等藥劑中常含有薄荷成分，另可用於治療感冒、頭痛、咽喉腫痛及多種腸疾等。萃取的薄荷油具芳香性香味，且有健胃、發汗、驅風、散熱及醒腦等功效。綠薄荷屬於料理用薄荷群，溫和不刺激。除料理外，當蚊蟲咬傷、皮膚小面積燒燙傷，薄荷油可消炎止痛、防止發生水泡及感染發炎。

使 用 注 意 事 項

　　薄荷為宿根性作物，能夠多年在同一土地生長，但仍不宜連作。在寒冷地區以第一年採收量最高，溫帶區域 2 年新植連作之採收量即銳減，故同地最好 1 年或 2 年重新更植一次，並與其他作物輪作。

形態特徵

　　綠薄荷為多年生草本，莖稈呈方形，葉片為卵形或橢圓形，葉序呈十字對生，夏季開花，花為白色或粉紅色，密繖花序，花序頂生。與綠薄荷相近的為花序腋生的中國薄荷，另有皺葉綠薄荷 Curled Spearmint（*Mentha spicata* 'Crispa'），氣味與綠薄荷一樣，但葉面皺摺略呈圓形。若氣候、土質適合時，極易栽培成功，繁殖方法主要為分株法與扦插法。

止癢膏

材料

- 澳洲茶樹精油 5 滴
  （20 滴約 1c.c.）
- 綠薄荷精油 5 滴
- 大花咸豐草精油 5 滴
- 凡士林 20 公克

作法

1 剪取綠薄荷葉片並用蒸餾法抽取精油。

4 分裝至小瓶中。

2 以燒杯裝入 20 公克凡士林，加熱融化。

3 凡士林溶化後，各加入 5 滴精油。（澳洲茶樹、綠薄荷及大花咸豐草精油）

5 放涼待凝結成塊。

鳳梨薄荷

M. Suaveolens (syn. M. rotundifolia)

薄荷對環境的適應力極強，於溫帶至熱帶地區均可生長，最適宜生長在雨量充沛且溫暖陽光充分的地區。對土壤適應力亦佳，以排水良好、地力肥豐富的腐植壤土、砂質壤土及壤土等較好。目前歐、美及亞洲等地皆有分布，台灣全境皆適合栽培。鳳梨薄荷一般含有 0.15 ～ 0.30% 的揮發油（精油），其精油主成分，蘋果薄荷或鳳梨薄荷為含左旋香芹酮（L-carvone, 46 ～ 57 %）、斑葉鳳梨薄荷為含胡椒烯酮（piperitenone, 55 %），其他成分還有薄荷腦（menthol）及薄荷酮（methone），約占 9 ～ 32%。薄荷在濕地或濕潤氣候下，生長情況特別良好，但精油含量少。在乾燥地區栽培，雖然莖葉的產量稍低，精油量卻較高。

M. Suaveolens

科別：唇形花科 Lamiaceae

屬別：薄荷屬 Mentha

英文名：Pineapple mint

別名：斑葉鳳梨薄荷、蘋果薄荷

利用部位：葉

用途：泡茶、甜點、沙拉料理

栽培技巧：
- 適合栽種月分：3 ～ 4 月、9 ～ 10 月適合播種，4 ～ 5 月適合扦插
- 花期：夏季
- 日照：半日照～全日照
- 水分：濕潤
- 施肥：肥沃
- 溫度：10 ～ 28℃
- 土壤：砂質壤土
- 繁殖方式：扦插、分株

葉片有鑲嵌白色斑紋。

栽培過程中葉片會出現無鑲嵌白色斑紋枝條。

花白色，花序頂生。

療效及用途

　　薄荷中所含的薄荷腦有提神、消腫功效，薄荷酮可以鎮痛。《本草綱目》記載，薄荷莖葉味辛、性溫、無毒。內服小量薄荷，有興奮中樞神經的作用，間接傳至末梢神經，使皮膚毛細血管擴張，促進汗腺分泌，讓身體散熱增加，所以有清涼解熱的作用。鳳梨薄荷屬於香味薄荷群，含有特殊味道，可作為化妝品、糖果食品、清涼飲料、牙膏、痱子粉等之配料，用途很廣。

使用注意事項

　　進行扦插時需選第 1 次割取的莖葉，切成約 15 公分長，且具有 3 節以上為插穗，此法的生產力高。

形態特徵

　　薄荷為唇形花科薄荷屬，包含有 25 個物種，品種超過 600 種，雜交種多，種子實生苗繁殖之後代變異極大。鳳梨薄荷可能是斑葉蘋果薄荷的變種，葉片呈橢圓形，葉緣略帶波狀，葉面及葉脈凹陷，葉片有鑲嵌白色斑紋。夏季開花，花為白色的頂生花序。 一般葉片若無鑲嵌白色斑紋的品種，就是俗稱的蘋果薄荷（Apple mint），葉片呈灰綠色、圓形，表面密生絨毛，有類似蘋果味的芳香，適合泡製香草茶。

香草果凍

point

修剪時自上端（不含新生芽）第 3 ～ 4 節處剪下（剪節上 1 公分處）枝葉。

材料

- 水 400c.c.
- 寒天粉 2 公克
- 西印度櫻桃果醬適量
- 鳳梨薄荷葉片 4 公克
- 砂糖 10 公克

• 作法 •

1 自莖頂 3 ～ 4 節處剪取下的葉片。

2 將鳳梨薄荷葉片切末。

↓

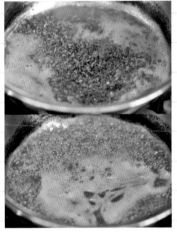

4 接著取新鮮鳳梨薄荷葉片
切碎後加入，再熬煮 2 分
鐘。

3 水煮開後，依序加入寒天
粉、砂糖、天然西印度櫻
桃果醬，熬煮 2 分鐘。

↓

5

沸騰後熄火，過濾掉葉
渣及果渣（不過濾亦
可），接著分裝進適當
容器，放入冰箱冷藏成
形。

生活中常見的香草植物 栽培×手作×料理

薄荷品種介紹

　　薄荷屬（*Mentha*）有 25 種，品種超過 600 種，部分可以種子繁殖，後代變異極大，雜交種多。可依實用性略分為四群：1. 料理用薄荷群，較溫和不刺激，如綠薄荷（Spearmint，*M. spicata*）；2. 香味薄荷群，含有趣的香氣，如蘋果薄荷（Apple Mint，*M. suaveolens*）、萊姆薄荷（Lime Mint，*M. aquatica* 'Lime'）、橙香薄荷（Orange Mint，*M. aquatica* 'Citrata'）；3. 精油薄荷群，可提煉精油或作為藥用，如中國薄荷（Field Mint，*M. arvensis*）、銀薄荷 (Silver Mint，*M. longifolia*）、水薄荷（Water Mint，*M. aquatica*）；4. 地被薄荷群，具優良匍匐性，可覆蓋地面具抑制雜草功能，如科西嘉薄荷（Corsican Mint，*M. requienii*）、普列薄荷（Pennyroyal，*M. pulegium*）。

　　若依台灣種苗業的分類方法，則分成九類：1. 綠薄荷系列（*M. spicata*，2n=48），包括綠薄荷(又稱荷蘭薄荷)、英國薄荷、黃金薄荷、茉莉亞甜薄荷；2. 歐薄荷（胡椒薄荷）系列（*M. × piperita*，2n=72, 84, 108）（*M. Aquatica × M. spicata*），包括胡椒薄荷、瑞士薄荷、巧克力薄荷、葡萄柚薄荷；3. 薑薄荷系列（*M. × gracilis*，2n=54,60,61,72,84,96,108,120）（*M. Arvensis × M. spicata*），包括越南薄荷、澳洲薄荷、蘇格蘭薄荷；4. 水薄荷系列（*M. aquatica*，2n=96），包括萊姆薄荷、柳橙薄荷、柑橘薄荷、水薄荷；5. 野薄荷系列（*M. arvensis*，2n=72），包括中國薄荷、

綠薄荷系列

荷蘭薄荷　　英國薄荷　　黃金薄荷　　茉莉亞甜薄荷

薑味薄荷、香蕉薄荷；6. 芳香薄荷系列（*M. Suaveolens*，2n=24），包括蘋果薄荷、鳳
梨薄荷；7. 日本薄荷系列（*M. Canadensis*，2n=96），即日本薄荷；8. 長葉薄荷系列
（*M. longifolia*，2n=24），包括銀薄荷、長葉薄荷；9. 地被薄荷系列，包括普列薄荷（*M.
pulegium*，2n=20）、科西嘉薄荷（*M. requienii*，2n=18）。

歐薄荷
（胡椒薄荷）
系列

胡椒薄荷　　巧克力薄荷　　瑞士薄荷　　葡萄柚薄荷

薑薄荷
系列

芳香薄荷
系列

澳洲薄荷　　蘇格蘭薄荷　　蘋果薄荷

生活中常見的香草植物 栽培 × 手作 × 料理

水薄荷
系列

萊姆薄荷

柑橘薄荷

柳橙薄荷

野薄荷
系列

中國薄荷

薑味薄荷

香蕉薄荷

鼠尾草
Salvia officinalis L.

鼠尾草屬名 *Salvia*，在拉丁文原意有「拯救」、「治癒」的涵義。鼠尾草是一種古老的香料，原生於歐洲南部與地中海東北處沿岸，尤其是從西班牙到希臘沿岸使用最多，在義大利常使用於調味肉類菜餚。鼠尾草為一種呈現苦澀、溫和與芳香複合的香料，利用水蒸氣法可抽取約 2.5% 精油，其主要成分為側柏酮（thujone，35 ～ 60%）、1,8- 桉樹腦（1,8-cineol，15%）、樟腦（camphor，18 ～ 26%）、龍腦（borneol，> 16%）等。精油的化學與感官特性會因產地而有差異，品質最細緻的生產自達爾馬提亞（dalmatian），也就是巴爾幹半島西邊臨亞得里亞海一帶。

Salvia officinalis L.

科別：唇形花科 Labiatae

屬別：鼠尾草屬 *Salvia*

英文名：Sage（Dalmatian sage），Sauge（法國），Salbei（德國）

別名：山艾

利用部位：葉、花

用途：烹調、精油、藥用

栽培技巧：

· 適合栽種月分：2 ～ 4 月和 8 月初秋時可播種，5 ～ 6 月可扦插。

· 花期：春季

· 日照：全日照

· 水分：耐旱

· 施肥：中度

· 溫度：15 ～ 25℃

· 土壤：疏鬆微鹼性土壤

· 繁殖方式：種子、扦插

鼠尾草開花情形。

圖左為巴格旦鼠尾草,圖右
為普通鼠尾草。

療效及用途

　　鼠尾草能消炎、抗菌,減緩癢痛、退發燒、舒緩神經性頭痛。直接當茶飲料,能減輕喉部發炎咳嗽;乾燥後製成櫥櫃香包可以殺菌、除臭及防霉等。鼠尾草具芬芳香味、略苦及辛辣,能促進消化,適合於各式肉類料理,如燴類、釀餡、香腸的調味等。每100公克乾燥的鼠尾草葉片中,約含有維生素 A 5,900 IU、維生素 B1 0.75 mg、維生素 B2 0.34 mg、菸鹼酸 5.7 mg、維生素 C 32.38 mg、鈣 1,652 mg、鐵 428 mg、鎂 428 mg、磷 91 mg、鉀 1,070 mg、鋅 5 mg。

使用注意事項

　　鼠尾草新鮮或乾燥葉片均能利用,但精油含有樟腦,癲癇症患者避免使用,而孕婦也要避免大量食用。最好栽植在疏鬆微鹼性的土壤,需勤加修剪,但要避免深剪至木質化莖,以免無法再生。

形態特徵

　　鼠尾草為多年生草本植物,呈半灌木型態,具有稍木質化,白色、披毛的莖,高約 30 ～ 60 公分。葉片為長橢圓形,密生白色短絨毛,呈灰綠色;春天開花,花序頂生,螺旋排列 5 ～ 10 朵小花,有紫色、藍色或白色等品種。

香草蔥醬

材料

- 青蔥 275 公克
- 橄欖油 150 公克
- 鼠尾草葉片 28 公克

作法

1

將鼠尾草葉片洗淨拭乾，並切成細末。

2 青蔥也切成細末。

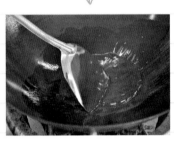

3 鍋子加入橄欖油。

6 炒至微焦且香味出現。

4 先放入青蔥拌炒至焦香。

7 鼠尾草蔥醬即完成。

5 接著加入鼠尾草繼續拌炒。

HERB 13. 水蜜桃鼠尾草
Salvia dorisiana

水蜜桃鼠尾草原產於中美洲的宏都拉斯及其臨近地區，漂亮的心臟形葉子散發出一股趣味的香氣。盛夏到秋季會綻放長管狀的花朵，紫紅色，常吸引蜜蜂、蝴蝶與鳥類。它天鵝絨般的大葉，搶眼的鮮豔花朵使它成為深具吸引力的室內植物。其所含精油的主成分有紫蘇醋酸酯（perillyl acetate，27.7%）、紫蘇酸甲酯（methyl perillate，21.2%）、乙酸桃金孃烯酯（myrtenyl acetate，9.2%）、石竹烯（caryophyllene，12.5%）、檸檬烯（limonene，4.5%）和桉葉素（cineole，3%）。

Salvia dorisiana

科別：唇形花科 Labiatae

屬別：鼠尾草屬 Salvia

英文名：Fruit sage, Fruit-scented sage, Peach sage

別名：果香鼠尾草、水果鼠尾草

利用部位：葉、花

用途：料理、精油、景觀

栽培技巧：
- 適合栽種月分：2 ～ 10 月
- 花期：夏、秋季
- 日照：半日照～全日照
- 水分：需水多
- 施肥：多
- 溫度：14 ～ 26℃
- 土壤：砂壤土
- 繁殖方式：扦插

水蜜桃鼠尾草
葉片較大、葉
脈凹陷。

具鮮紫紅色的
頂生花序。

療效及用途

新鮮的水蜜桃鼠尾草葉片可直接用於沙拉、冰飲，乾燥葉片也能製成吊飾或花圈。具有混合水果的濃烈香氣，很適合與其他芳香植物混合調製。近年來研究發現，皮膚塗抹水蜜桃鼠尾草精油（用量約 $0.004 \sim 0.4 \mu\ell\ cm^{-2}$）對白線斑蚊具有 9 ～ 90 分鐘的持續忌避效果。

使用注意事項

水蜜桃鼠尾草不耐寒，在北部寒冷期間要移入室內越冬，但仍需要良好的光線，以保持植冠濃密。

形態特徵　水蜜桃鼠尾草葉片對生，大卵形，葉端尖，葉脈凹陷，葉呈灰綠色，葉緣有圓鈍鋸齒，莖葉密生絨毛，株高 50 ～ 120 公分。在早春開鮮豔的紫紅色花，花期較鳳梨鼠尾草短，全株具水果香氣。

香草鬆餅

材料

- 低筋麵粉 400 公克
- 細砂糖 120 公克
- 鹽 2 公克
- 泡打粉 16 公克
- 全蛋 4 顆
- 牛奶 400c.c.
- 奶油 120 公克
- 水蜜桃鼠尾草葉片 50 公克

作法

1 取新鮮水蜜桃鼠尾草葉片洗淨。

2 切成細末。

3 奶油隔水加熱溶解後放涼備用。

5 將鹽、泡打粉及切碎的香草葉片攪拌均勻，加入蛋、牛奶後，不規則攪拌，不要使麵糊出筋，靜置20分鐘使麵糊鬆弛。

4 將低筋麵粉、細砂糖過篩。

6 鬆餅機塗上奶油後，倒入麵糊。

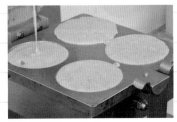

7 加熱烤成鬆餅。

鳳梨鼠尾草

Salvia rutilans (Salvia elegans)

源 自中美洲和南美洲的鳳梨鼠尾草，具豐富水果香氣且甘甜，雖然無法取代地中海的鼠尾草，但仍具有相當的烹飪價值。儘管具有獨特和有趣的氣味，嫩葉可作為甜品或冰飲的調味香草外，其他用途尚不普遍。但因具有五顏六色的大花朵，在園藝景觀上的利用更為普遍。鳳梨鼠尾草原產於墨西哥，在傳統醫學上用於緩解中樞神經系統疾病，主要含有反式羅勒烯（trans-ocimene），芳樟醇（linalool），石竹烯（caryophyllene）與大牻牛兒烯 -D（germacrene-D）等。

Salvia rutilans

科別：唇形花科 Labiatae

屬別：鼠尾草屬 *Salvia*

英文名：Pineapple sage,
Mirto（西班牙）, Elegant sage,
Pineapple-scented sage

別名：雅美鼠尾草

利用部位：葉、花

用途：泡茶、烹調

栽培技巧：

· 適合栽種月分：1 ～ 12 月

· 花期：秋～春季

· 日照：全日照

· 水分：多

· 施肥：多

· 溫度：5 ～ 28℃

· 土壤：壤土

· 繁殖方式：扦插

頂生的紅色花序。

花朵繁茂極具觀賞價值。　鳳梨鼠尾草的灌木叢。

療效及用途

　　現代醫學研究發現鳳梨鼠尾草具有鎮靜、抗焦慮和降血壓等作用，研究也顯示所含芳樟醇有催眠與抗驚厥功效，適合一般料理或茶飲。

使用注意事項

　　管理上必須常摘除頂芽，以促進分枝數。屬於短日植物，當秋季花苞形成時，不要修剪，以免把花苞剪除，但莖稈易木質化而造成植株生長勢衰退。

形態特徵　　鳳梨鼠尾草為多年生草本植物（亞灌木），株高 60 ～ 100 公分，葉長卵形，葉端尖、基部圓形，葉片對生，莖有絨毛，頂生穗狀花序，紅色，有鳳梨味。

香草花生糖

材料

- 花生（去殼、未炒過）5800 公克
- 麥芽 1280 公克
- 水 896 公克
- 白砂糖 768 公克
- 油 528 公克
- 鳳梨鼠尾草葉片 50 公克

作法

1
取鳳梨鼠尾草嫩葉切成細末。

point

挑選花生時，最好選擇沒有破損、發芽、發霉的。

2 先將不良的花生撿取起來。

3 在攪拌機中加入花生、麥芽、水、白糖及油，不開火，先攪拌均勻。

4 開小火攪拌約 45 分鐘，將花生炒香，直到呈均勻濃稠狀。

6 均勻攪拌，用漏勺取出並將油瀝乾，放入鐵製平盤。

7 壓平成形，放涼後切塊。

5 加入切細的鳳梨鼠尾草葉末。

8 鳳梨鼠尾草花生糖成品。

生
活
中
常
見
的
香
草
植
物

栽
培
×
手
作
×
料
理

鼠尾草品種介紹

　　鼠尾草為唇形花科（Lamiaceae）鼠尾草屬（*Salvia*），原產於歐洲南部與地中海沿岸地區，本屬包含了約 900 個品種，有一年生和二年生，以及草本和灌木等植株型態等，大多具有香味。國內常見商業品種依其用途可分為二大類，分別為：

一、 **庭園景觀布置用**：適合花壇或盆栽，如紫雲鼠尾草（*Salvia farinacea* 'Indigo Spires'）、墨西哥鼠尾草（*S. leucantha*）。

二、 **香藥草用**：可供作藥用及香料植物，如水蜜桃鼠尾草（亦稱水果鼠尾草，*S. dorisiana*）、鳳梨鼠尾草（*S. elegans*）、普通鼠尾草（*S. officinalis*）、黃金鼠尾草（亦稱金色鼠尾草，*S. officinalis* 'Icterina'）、紫色鼠尾草（*S. officinalis* 'Purpurascens'）、三色鼠尾草（亦稱斑葉鼠尾草，*S. officinalis* 'Tricolor'）與巴格旦鼠尾草（*S. officinalis* 'Bergarrten'）等。

紫雲鼠尾草

墨西哥鼠尾草

水果鼠尾草

鳳梨鼠尾草

普通鼠尾草

黃金鼠尾草

紫色鼠尾草

三色鼠尾草

巴格旦鼠尾草

HERB 15.

紫蘇
Perilla frutescens

原產於東南亞和東亞，喜馬拉雅山與緬甸一帶山區。台灣 1980 年代在苗栗公館曾有大面積栽培外銷日本。紫蘇具淡雅的芳香味，同時融合了肉桂、茴香和甘草的味道，但帶有明顯澀味。紫蘇莖葉可以抽取 0.2% 精油，但品種間成分差異很大，現行栽培種莖葉精油的主要成分為紫蘇醛（perilla aldehyde 50 ～ 75%）、紫蘇酮（perilla ketone）15 ～ 38% 及檸檬烯 limonene （13%），亦含有紫蘇葶（$C_{10}H_{15}ON$，1-perillaldehydealpha-antioxime），其甜度是蔗糖的 2000 倍，為近年來國外興起的一種高性能捲煙吸味改良劑（煙絲添加量 22ppm ～ 50ppm）。紫蘇種子含油量高達 40％，多為不飽和脂肪酸（60% α - 亞麻酸，15％亞油酸，15％油酸）。

Perilla frutescens

科別：唇形花科 Labiatae

屬別：紫蘇屬 *Perilla*

英文名：Perilla

別名：赤紫蘇、青紫蘇、縮緬紫蘇、皺葉紫蘇、香蘇、山魚蘇、白紫蘇

利用部位：種子、莖、葉

用途：烹調、醃漬、染料、精油

栽培技巧：

· 適合栽種月分：2 ～ 4 月
· 花期：秋季
· 日照：全日照
· 水分：適中
· 施肥：適中
· 溫度：18 ～ 30℃
· 土壤：有機壤土
· 繁殖方式：種子、扦插

紅紫蘇葉片平滑，葉緣鋸齒較淺。

綠紫蘇葉片皺縮，葉緣鋸齒較深。

療效及用途

　　紫蘇在藥用上，藥性辛溫，具有散寒、消痰、解魚、蟹毒功用，可改善感冒、咳嗽、氣不暢等症狀。每100公克紫蘇葉中，約含有維生素 A 6,600 IU、維生素 B1 0.1 mg、維生素 B2 0.4 mg、菸鹼酸 0.5 mg、維生素 C 85 mg、鈣 197 mg、鐵 10 mg、磷 76 mg。紫蘇鮮葉可以炒食、拌麵或裹麵粉酥炸，添加於海鮮料理可去除腥味，在加工食品中常添加於蜜餞與紫蘇梅，有防菌、染色之功用。

使用注意事項

　　短日照會促進開花，可經常自頂芽下方 3～5 節處採收利用，以促進分枝並減緩抽穗。另紫蘇所含的紫蘇醛會引起皮膚過敏，過敏體質者應小心使用。

形態特徵

　　紫蘇為唇形花科，乃一～二年生草本植物，發芽適溫 18～25℃，生育適溫 24～28℃，為短日照植物，8～9 月開花，花為密生的穗狀花序。株高約 60～120 公分，莖呈四方形，有紫色與綠色品種；葉呈心臟形～圓卵形，葉對生，葉緣依品種有不同程度的鋸齒狀，葉面平滑，葉脈處皺縮，葉色分紫紅或綠色品種。

香草果醋

材料

- 檸檬 445 公克（約 5 顆）
- 糯米醋 445 公克
- 冰糖 222.5 公克
- 紫蘇葉片 20 公克

·作法·

1 摘取鮮嫩的紫蘇，去梗、洗淨，拭乾備用。

2 果醋的主要材料有紫蘇及檸檬。（切成約 0.5 公分寬細片）

3 檸檬一層、紫蘇一層、冰糖一層，依序加入罐中直到裝滿為止。

4 加入糯米醋至滿罐。

5 密封靜置發酵即成香草果醋。

HERB 16. 羅勒
Ocimum basilicum

古羅馬時期的希臘醫生與藥理學家迪奧科里斯（A.D.40～90）所著《藥物論》一書曾提及，「羅勒不好消化、頻尿、不要吃太多」，一般用於神經性頭痛的用藥。於古義大利與羅馬時期，羅勒為愛情的象徵，可作為男女間訂情的香草。羅勒原產於印度、伊朗和非洲一帶，在印度有超過 50 種以上的原生種，唐朝時隨佛教東傳入中國，可能由荷蘭人引進台灣，現今普遍栽培供作蔬食香草。台灣常見品種有大葉種與小葉種、青莖種與紫莖種、綠葉種與紫葉種，香味各有特色，其精油主要成分有芳樟醇（linalool）、雌激素腦（estragole）、甲基丁香酚（methyleugenole）等。

Ocimum basilicum

科別：唇形花科 Labiatae

屬別：羅勒屬 Ocimum

英文名：Basil

別名：九層塔、零稜香、蘭香、子草

利用部位：葉、嫩莖、花穗

用途：烹調、精油

栽培技巧：

- 適合栽種月分：1～12 月（冬季寒流生長緩慢）
- 花期：夏～秋季
- 日照：喜日照
- 水分：適中
- 施肥：中度需肥
- 溫度：15～30℃
- 土壤：砂質壤土
- 繁殖方式：種子、扦插

療效及用途

傳統醫學以羅勒茶改善精神疲勞、噁心、脹氣和減緩蜂螫傷。初步研究證明，羅勒可鎮痛、抗炎、抗菌、抗氧化和保肝。每 100 公克新鮮的羅勒葉片約含有維生素 A 9,375 IU、維生素 B1 0.01mg、維生素 B2 0.6mg、菸鹼酸 0.5mg、鈣 320 ～ 2,113 mg、鐵 5.5 ～ 42 mg、鎂 422 mg、磷 40 ～ 490 mg、鉀 3,433 mg、鈉 34mg、鋅 6 mg。羅勒為主要用於烹調時的調料，具有類似丁香與茴香綜合的特殊芳香辛辣味，有去腥與促進食慾的效果。

使用注意事項

羅勒宜採摘嫩莖、葉芽，開花後期會有苦味，不宜採食。供蔬菜的香辛料以綠莖種風味較柔和，保健藥用則宜選用開花期的紫莖種，風味會較濃厚。

中國羅勒　　　　檸檬羅勒
（俗稱九層塔）

甜羅勒

形態特徵

羅勒為一年生或越年生草本植物，在台灣環境下若管理良好，可多年生長。株高約 30 ～ 70 公分，嫩莖呈方形，木質化老莖則呈圓形。葉對生，不同品種間葉片形狀的差異很大，有卵形及長橢圓形等，長 2 ～ 8 公分，寬 1.5 ～ 5 公分，葉色有綠葉種、紫葉種以及綠葉但葉脈帶紫色的品種等，葉緣有全緣或細鋸齒狀。一般花為頂生（部分腋生），屬穗狀輪生的纖形花序，長約 20 公分，花冠唇形，有白色、粉紅或紫色種，因花序層層相疊呈寶塔狀，俗稱九層塔或七層塔。台灣 4 ～ 8 月為盛產期，採收時自莖稈木質化上端約 3 ～ 5 公分處剪下，約 20 ～ 30 天即可再採收；或用手自枝梢約 3 ～ 5 節處摘下未出現花序的嫩心葉。

青醬

材料

- 檸檬羅勒 360 公克
- 紫羅勒 + 甜羅勒 + 中國羅勒，合計 140 公克（各種羅勒比例視當時材料而定）
- 松子 150 公克
- 橄欖油 725c.c.
- 鹽 3／2 小匙
- 起士粉 8 大匙

・作法・

1 割取新鮮羅勒，取葉片不含枝梗。（最好不含老葉）

2 洗淨（最後一次清洗用冷開水），並晾乾。（可用電風扇吹，或用紙巾擦乾）

3 利用調理機先放入橄欖油，再分次放入羅勒葉片，最後一批葉片放入時加入炒香的松子，直到打成均勻泥狀。

4 葉片打成泥狀後加入鹽及起士粉，再打均勻即可分裝。

百里香

Thymus vulgaris L.

百里香原生於南歐、地中海西部地區、義大利及小亞細亞一帶，現在栽培主要在西班牙、法國、義大利和保加利亞等地區。在古希臘時期，百里香是勇氣的象徵，其宜人的香氣可振奮勇氣。迪奧斯克里德斯所著的《藥物論》一書提及百里香和肉類一起食用可以改善視力。另外混合蜂蜜可以去痰、驅蟲及頭蝨等。精油主要成分為 thymol，具抗菌與防腐功能目的。百里香精油約 1.0％（10 ml oil／kg fresh thyme），在瑞士有一高產品種，每公頃可生產 15 噸新鮮百里香，且含 3％的精油。依精油主成分可分成百里香酚型（thymol）、香芹酚型（carvacrol）和沉香醇型（linalol）等，其中以百里酚型和香芹酚型最常見，其通常從低海拔區生長的品種中提取，而沉香醇型則由高海拔地區的品種中提取。

Thymus vulgaris L.

科別：唇形花科 Labiatae

屬別：百里香屬 *Thymus*

英文名：Thyme, Wild thyme, Common thyme, Garden thyme, Creeping thyme

別名：麝香草、地椒

利用部位：葉

用途：料理、精油

栽培技巧：
- 適合栽種月分：1～12 月
- 花期：夏、秋季
- 日照：半日照～全日照
- 水分：耐旱
- 施肥：少
- 溫度：10～30℃
- 土壤：壤土
- 繁殖方式：種子、扦插

百里香的葉小而肥厚。

銀百里香（銀斑百里香）

療效及用途

百里香具清香怡人的香味，似辛香料葛縷子的香氣，適合魚、肉類料理。精油的主要成分百里酚，能有效抑制沙門氏菌和金黃色葡萄球菌，廣泛應用於燻蒸劑、防腐劑、消毒劑和漱口水等。每 100 公克乾燥的百里香葉片中，約含有維生素 A 3,800 IU、維生素 B1 0.51 mg、維生素 B2 0.4 mg、菸鹼酸 5 mg、維生素 C 12 mg、鈣 1890 mg、鐵 124 mg、鎂 220 mg、磷 201 mg、鉀 814 mg、鋅 6 mg。

使用注意事項

種植百里香的土表舖上碎石（石灰石），可增加排水和光線反射在植冠，促進生長。百里香精油在香療使用時必須稀釋，血壓高、懷孕期間不要使用百里香精油。

形態特徵

百里香是一種多年生草本植物，香氣似薄荷，匍匐性地被植物，它有水平和直立的莖，隨著年齡增長，莖會木質化，株高 10～30 公分。莖為細白色枝條、葉片密生，窄葉無柄。百里香的葉小而肥厚，呈橢圓至長橢圓形，長 2.5～5 公厘，品種間形狀各異，並具略微不同的香味。夏、秋季開白色～紫紅色小花朵，對蜜蜂非常有吸引力。百里香品種約 215 種，並有多數的雜交種，一般栽培利用的有闊葉、窄葉和雜色等三種。窄葉型，具有體積小，灰綠色的葉子，芳香氣味比闊葉型強。香檸檬百里香，有檸檬香味，葉比普通百里香寬大，葉緣無彎曲。雜色型的銀斑百里香生長勢最強，並擁有最濃郁的氣味。

香草乳霜

- 百里香精露（取新鮮百里香枝條以蒸餾法取得含精油之液體）85%
- 橄欖油 15%
- 乳化劑 1%
- 適量乳霜等級防腐劑

2 均勻攪拌直到乳化成型。

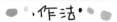
作法

1 秤取適量的橄欖油（15%）及百里香精露（85%），加入 1% 乳化劑。

3 倒入乳霜罐中即可。

百里香品種介紹

　　百里香品種約 215 種，並有多數的雜交種，一般栽培利用的有闊葉、窄葉和雜色等三種，另外具有芥茉辛辣味的貓百里香（亦稱貓苦草，*Teucrium marum* L.）並非百里香屬，而是香科屬。常見商業品種中屬窄葉型的有麝香百里香（*Thymus vulgaris*）；闊葉型有香檸檬百里香（簡稱檸檬百里香，*T. × citriodorus*）；雜色型有黃斑檸檬百里香（*T. × citriodorus* 'Aureus'）、白斑百里香（*T. × citriodorus*）與銀斑百里香（*T. vulgaris* 'Silver'）。

貓百里香

麝香百里香

黃斑檸檬百里香

香檸檬百里香

白斑百里香

銀斑百里香

迷迭香
Rosmarinus officinalis L.

生活中常見的香草植物　栽培 × 手作 × 料理

迷迭香原產於南歐地中海沿岸，在西班牙、法國南海岸等石灰質丘陵地均可見到，目前分布已遍及世界各地。現今經濟栽培以突尼西亞、法國、西班牙及摩洛哥等南歐國家為主。迷迭香一直以來被廣泛應用，十五世紀歐洲人於室內燃燒迷迭香以去除黑死病菌，二次世界大戰法國軍醫也用此法來殺菌。於病房中燃燒可以淨化空氣，庭院散灑枝條防止疫情擴散，或於疫情期間裝入香袋佩掛身上。耶穌躲避軍隊追趕途中，將聖袍披在迷迭香上，才得以脫逃，因此教堂周圍常種植迷迭香以淨化驅魔，也可以於枕頭內填充迷迭香乾燥的葉片以驅逐惡靈、避免惡夢。

　　歐洲人自古已知迷迭香可增強記憶力，在莎士比亞名著《哈姆雷特》中提到「迷迭香，是為了幫助回想」，因此迷迭香成為戀人們忠貞不渝的象徵。地中海沿岸村莊居民將亞麻布鋪蓋在迷迭香上，於陽光下晒乾可萃取香氣，以驅除昆蟲。《本草綱目》記載，魏文帝時，自西域傳入中國栽植於庭園中，採收其枝葉，入袋佩之。迷迭香廣泛使用於香水、芳香原料及調味料。芳香甚烈，精油含量約 0.5 ～ 2.5％，主成分含桉樹腦（cineole，一般 5 ～ 45％，摩洛哥出產最濃 40 ～ 58％）、樟腦（camphor，15 ～ 25％；古巴產則達 34％）含量高品系適合藥用不適烹調、檸檬烯（limonene）、似薄荷又具刺激性的龍腦（borneol，16 ～ 20％）、蒎烯（pinene，< 25％）、松香味的松油精（pinene）及其衍生物，香味宜人，而澀味為單寧（tannins）。

Rosmarinus officinalis L.

科別：唇形花科 Labiatae

屬別：迷迭香屬 *Rosmarinus*

英文名：Rosemary

別名：萬年老、羅茲馬利

利用部位：葉

用途：料理、精油

栽培技巧：

· 適合栽種月分：1 ～ 12 月

· 花期：春、夏季

· 日照：全日照

· 水分：耐旱中等

· 施肥：適中

· 溫度：5 ～ 28℃

· 土壤：砂質壤土

· 繁殖方式：種子、扦插

直立種迷迭香。　　　匍匐種迷迭香（聖芭芭拉）

療效及用途

迷迭香可舒緩頭痛、神經緊張、胃口不佳等症狀，每日鮮食儘量不超過 4 ～ 6 公克。其頂端柔軟枝條莖葉，適合作為各式煎、煮、燒、烤烹調的香味料，或浸泡於橄欖油、醋中作成各種沾醬，亦可當作苦艾酒的調香用。葉片直接放入口中嚼食可除口臭，亦可當保健茶。南法國的養蜂人家，把以迷迭香當蜜源植物的蜂蜜視為最佳上品。葉、莖蒸餾所得的精油稱迷迭香油，深具護膚及護髮的功效，常被添加於各種保養品，或加入洗髮精可去除頭皮屑（但劑量要低），有促進血液循環之效。每 100 公克乾燥的迷迭香葉片中，約含有維生素 A 3,128 IU、維生素 B1 0.51 mg、菸鹼酸 1 mg、維生素 C 61 mg、鈣 1,280 mg、鐵 29 mg、鎂 220 mg、磷 70 mg、鉀 955 mg、鋅 3 mg。

使用注意事項

迷迭香可直接新鮮採摘使用，亦可收穫乾燥後再利用。直立性品種適合精油生產，匍匐性品種適合食用，味道較溫和。若當藥用需經醫師處方，體質不適者易引起癲癇或痙攣，不當使用會導致流產，孕婦應避免使用。

形態特徵

迷迭香為唇形花科，屬常綠矮灌木，高度為 1 ～ 1.5 公尺，植冠展幅可達 60 ～ 80 公分。葉呈十字對生，長 2 ～ 3 公分，葉尖鈍全緣，葉表呈綠色，葉背為淡色，葉身狹長形，乾燥後似松針形，兩緣反捲，散布斑點狀油點，具有刺激性香氣及略帶樟腦香；莖方形，次年木質化。春、夏季時（2 ～ 10 月），由葉腋長出短總狀花序，著生長度 1.3 公分左右的藍色、紫色、粉紅色或白色小花，富含花粉，易招引蜜蜂。花瓣上唇 2 裂，下唇 3 裂。種子平滑細小，呈卵狀球形黃褐色，具油脂，千粒重 1.1 ～ 1.4 公克。

依植株外形，大略分為直立種和匍匐種，直立種枝條硬挺，為主要經濟栽培種，因生長所需空間小採收較方便；匍匐種枝條柔軟下垂，平鋪於地，莖葉較柔軟，食用時口味較佳。

香草蔬菜包

材料

- 中筋麵粉 250 公克
- 白糖 25 公克
- 酵母粉 1 小匙
- 冷水 130c.c
- 橄欖油 1 小匙
- 迷迭香葉片 12.5 公克（不含梗）
- 蔬菜內餡（高麗菜、紅蘿蔔、香菇、木耳）

作法

1

剪下頂端柔軟枝條，將葉片洗淨、晾乾（或用擦手巾擦乾水分）。
接著去除葉梗僅取葉片 12.5 克，切碎。（愈細愈好）

2 將麵粉及白糖過篩，加入酵母，混合均勻，慢慢加入130c.c.冷開水及1小匙橄欖油，揉成光滑麵糰，再用保鮮膜包住，室溫下醒麵30分鐘。

3 取出發酵完成的麵糰擀平，再捲成長條狀，分成八等分，接著分別擀成中間略厚的麵皮。

4 將蔬菜內餡高麗菜、紅蘿蔔、香菇、木耳等皆切成細絲，炒香後加入少許鹽巴，最後拌入步驟1切細的迷迭香，混合均勻即為菜包內餡。

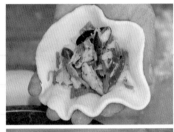

5 將蔬菜內餡填入擀好的麵皮中。

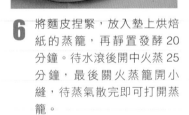

6 將麵皮捏緊，放入墊上烘焙紙的蒸籠，再靜置發酵20分鐘。待水滾後開中火蒸25分鐘，最後關火蒸籠開小縫，待蒸氣散完即可打開蒸籠。

7 迷迭香蔬菜包成品。

迷迭香品種介紹

　　迷迭香品種一般依其香氣成分、農藝性狀（花色或莖葉特徵）而鑑別，若依株形可大略分為直立種和匍匐種兩群：

一、　直立型迷迭香：株型直挺，高約 1 ～ 1.5 公尺，葉片較匍匐型迷迭香大。

　　1. 輪葉迷迭香（*R. australasia*）：又稱為澳洲迷迭香，景觀用，不具香味。

　　2. 針葉迷迭香（*R. angustifolia*）：又稱為松葉迷迭香，葉幾近於針狀，有松脂味，大多作為藥用或提煉精油。

直立型迷迭香

輪葉迷迭香

針葉迷迭香

海露迷迭香

雷克斯迷迭香

黃斑葉迷迭香

119

3. 海露迷迭香（*R. officinalis*）：為主要的原生種，國內進口的種子大多是這個品種的後代。

4. 雷克斯迷迭香（*R. o.* "Rex"）：為寬葉種，葉寬 0.3 ～ 0.5 公分。

5. 黃斑葉迷迭香（*R. o.* "Aureus"）：又稱為斑葉雷克斯迷迭香。

二、 **匍匐型迷迭香**：植株高 30 ～ 60 公分，莖上著生密集的葉片，橫向彎曲伸長達 50 ～ 120 公分。

1. 藍小孩迷迭香（藍孩兒迷迭香）（*R. o.* "Blue Boy"）：半直立品種，莖葉密，葉片最短而細小，株高 30 ～ 60 公分，容易開花，花淡藍色，香氣濃郁且純正。

2. 聖芭芭拉迷迭香（匍匐迷迭香）（*R. o.* "Santa Barbara"）：國內目前的匍匐種多來自於這一個品系，易開花，花期長，花淺藍色。

藍小孩迷迭香

聖芭芭拉迷迭香

匍匐型迷迭香

甜薰衣草

Lavandula heterophylla poir.

薰衣草的英文俗名 Lavender 源自拉丁文 lavare，原為洗滌之意，意指其所散發的清新香味。學名 Lavandula 由來與英名同，屬名偶爾寫成 Lavendula，種名 Vera 即為真正之意。薰衣草原產於歐洲地中海西岸及北岸一帶，現今法國南部栽培最廣，多作為香水原料。其分布範圍很廣泛，從地中海沿岸到中東、西亞的一部分，遍及印度、北非、加那利群島、開普貝爾多群島等地，目前世界上主要產地為法國、日本與澳大利亞等。甜薰衣草 Sweet lavender（*L. heterophylla*）為狹葉與齒葉薰衣草的雜交種，兼具兩親本之優點，生性強健且生長快速，由於比較耐熱，可於台灣地區大面積栽培，在 4～5 月開花，花呈藍紫色，葉片味道香甜帶一點刺激性，很適合食用。

Lavandula heterophylla poir.

科別：唇形花科 Labiatae

屬別：薰衣草屬 *Lavandula*

英文名：Sweet lavender,
Lavande（法國），Lavendel（德國）

利用部位：葉、花

用途：料理、泡茶、美容、精油

栽培技巧：
- 適合栽種月分：2～6 月
- 花期：春、夏季
- 日照：半日照～全日照
- 水分：具保濕與排水的特色
- 施肥：中度需肥
- 溫度：14～28℃
- 土壤：富含有機質之砂質壤土（pH 6.0～7.5）
- 繁殖方式：扦插

療效及用途

　　薰衣草全株均可乾燥保存，利用時可直接放在室內薰香或提煉精油，另甜薰衣草葉片可切碎加入西點、果凍、果醬、蜜餞或茶包中直接食用。薰衣草的花梗及葉片的用途廣泛，嫩枝可編製成花環或香花束，乾燥花可製成香袋或衣櫃驅蟲劑。另外加工用於混合香料、香枕、香袋、化妝水、肥皂、按摩油等，有安定情緒、改善失眠症等功效。

甜薰衣草花梗及花。

使用注意事項

　　薰衣草全株含有精油，尤其是花朵及花梗的含量最高。薰衣草的精油成分依品種而異，狹葉薰衣草含有較多的沉香醇（Linalool）和乙酸沈香酯（linalyl acetate），適合藥用。其他品種則以桉油酚（Cineol）、樟腦（Comphor）、香旱芹酚（carvacrol）為主，適合作為香精使用。薰衣草收穫時以剪刀剪取花序，修剪時要注意在春、秋時分等冷涼季節，不要剪到木質化部分，以免植株衰弱死亡。

形態特徵

　　薰衣草為常綠灌木或亞灌木的多年生草本植物，莖直立，通常高度為 30～60 公分，全株具濃郁香味，莖綠色呈方形，第二年莖部通常會木質化。葉片全緣或稍鋸齒狀，成熟葉片葉色呈灰～綠色，長約 2～5 公分，寬約 0.4～0.6 公分，葉面有散生絨毛，葉背為平滑或具少數短柔絨毛，葉緣稍向外反捲。唇形花，春、夏季開花，每 6～10 個小花集合成一小穗輪生於長花梗上，穗狀花序花梗長度約 10～25 公分。開花後結成小堅果，每個果實內含有 4 枚平滑暗褐色的種子。薰衣草屬主要分成 5 大類，包含了 24～32 個種，有專門提煉精油的品種、觀賞花卉栽培品種及各種雜交種等，目前引進適合台灣平地氣候種植的主要品系有羽葉薰衣草（Lavandula Pinnata）、齒葉薰衣草（L. dentata）、甜薰衣草（L. allardii）與法國薰衣草（L. stoechas）等四種。

香草饅頭

材料
- 中筋麵粉 250 公克
- 白糖 25 公克
- 酵母粉 1 小匙
- 冷水 130c.c.
- 橄欖油 1 小匙
- 新鮮甜薰衣草 12.5 公克（不含梗）

·作法·

1
取新鮮甜薰衣草盆景，自上端（不含新生芽）第 3 節處剪下（要剪節上 1 公分處），修剪後置於陰涼處恢復，接著將枝葉洗淨、晾乾。（或用擦手巾擦乾水分）

2 去除葉梗僅取葉片 12.5 克，切碎。（愈細愈好）

3 將麵粉及白糖過篩，加入酵母、甜薰衣草細粉，混合均勻，慢慢加入 130c.c. 冷開水及 1 小匙橄欖油，揉成光滑麵糰。

4 揉均勻後，用保鮮膜包住麵糰，室溫下醒麵 30 分鐘。

5 將發酵好的麵糰擀平。

6 捲成長條狀。

7 切割成八等分。

8 等分好麵糰後於側邊抹上中筋麵粉。

9 放入墊上烘焙紙的蒸籠，再靜置發酵 20 分鐘。

10 加水，待水滾後開中火蒸 25 分鐘；關火後，蒸籠開小縫讓水氣散出，待蒸氣散完即可打開蒸籠。

薰衣草品種介紹

　　薰衣草屬為唇形花科的小型木本植物，分布範圍廣泛，從地中海沿岸到中東、西亞的一部分，本屬植物主要分成 5 大類：

1. **真薰衣草（Lavandula）**：原生於地中海西岸及北岸，是世界上薰衣草栽培最多的品系，細長形葉緣略反捲。主要種類有狹葉薰衣草（*L. angustifolia*）、寬葉薰衣草（*L. latifolia*）及棉毛薰衣草（*L. lanata*）等三種，其中狹葉薰衣草的精油品質最佳，屬於較耐寒，不耐熱之品系，國內常見商業品種有英國薰衣草、藍河薰衣草以及真薰衣草。

2. **法國薰衣草（Stoechas）**：*L. stoechas* 特徵為花穗上每層輪生的小花外側均有一寬大的苞片，頂端有數片兔耳狀的苞葉。由於其精油具刺激性，因此以作為觀賞花卉為主。國內常見商業品種有西班牙薰衣草、法國薰衣草、法國紅薰衣草與法國長梗薰衣草。

3. **齒葉薰衣草（Dentata）**：以葉片邊緣深裂呈鋸齒狀而得名。在台灣適應性很好，生長快速。香氣聞起來有點類似木質的味道。

真薰衣草 *Lavandula*

| 英國薰衣草 | 藍河薰衣草 | 真薰衣草 |

生活中常見的香草植物　栽培 × 手作 × 料理

法國
薰衣草 *Stoechas*

法國薰衣草

西班牙薰衣草

法國紅薰衣草

法國長梗薰衣草

齒葉
薰衣草 *Dentata*

齒葉薰衣草

4. **羽葉薰衣草（Pterostoechas）**：原產於非洲北部地中海南岸，較耐熱，在台灣平地能夠生長並開花。由於其精油具刺激性，主要為觀賞用途。國內常見商業品種有羽葉薰衣草（*L. pinnata*）以及蕨葉薰衣草（*L. multifida*），其中羽葉薰衣草植株較直立，葉片絨毛較短，二回羽狀葉的情形較不明顯；而蕨葉薰衣草植株則斜向生長，葉片絨毛很長，二回羽狀葉很明顯。

5. **雜交薰衣草（Hybirds）**：此類雜交種兼具親本的優點。主要有大薰衣草為狹葉與寬葉薰衣草的自然雜交種，商業品種如：蕾絲薰衣草、琉璃紫薰衣草、紫色印記薰衣草、普羅旺斯薰衣草與灰姑娘薰衣草；甜薰衣草為狹葉與齒葉薰衣草的雜交種；大棉毛薰衣草為棉毛與甜薰衣草的雜交種；德克斯特薰衣草（亦稱阿拉第薰衣草）為寬葉與齒葉薰衣草的雜交種；狹葉棉毛薰衣草為狹葉與大棉毛薰衣草的雜交種。

羽葉薰衣草　*Pterostoechas*

羽葉薰衣草

蕨葉薰衣草

雜交薰衣草 *Hybirds*

蕾絲薰衣草

琉璃紫薰衣草

紫色印記薰衣草

普羅旺斯薰衣草

灰姑娘薰衣草

甜薰衣草

大棉毛薰衣草

德克斯特薰衣草

狹葉棉毛薰衣草

HERB 20. 土肉桂

Cinnamomum osmophloeum Kanehira

在台灣原生樟科植物中，葉片具強烈芳香肉桂氣味的有土肉桂（*C. osmophloeum* Kanehira）與香桂（*C. subavenium* Miq.），其中土肉桂產於台灣海拔 500 ～ 1500 公尺的闊葉樹林內，因為其枝、葉、樹皮及根皮均含高量的桂皮醛，長久以來即有人在天然林中採伐，出口到美國、日本，供作肉桂的代用品。台灣土肉桂依葉片精油主要成分含量的差異分成不同品系，但外觀形態上完全一樣，很難區別，僅能依含量在 50％以上的主要化學成分來區分，如肉桂型（Cassia type）、桂皮醛型（Cinnamaldehyde type）、香豆素型（Coumarin type）、芳樟醇型（Linalool type）、丁香酚型（Eugenol type）與樟腦型（Camphortype）等。台灣大學森林學系研究發現，以 2％桂皮醛型土肉桂精油浸漬後的宣紙及道林紙，能完全抑制黴菌的生長，且不會影響紙張的顏色與酸鹼值。這證實木材以桂皮醛處理後能有效減少腐朽菌及白蟻的危害，同時存放於常溫環境中，其耐腐朽及耐白蟻效果至少可維持一年。

Cinnamomum osmophloeum Kanehira

科別：樟科 Lauraceae

屬別：樟屬 *Cinnamomum*

別名：台灣土玉桂、假肉桂

利用部位：葉、枝

用途：料理、精油

栽培技巧：

· 適合栽種月分：2 ～ 10 月
· 花期：春季
· 日照：全日照
· 水分：適中
· 施肥：少
· 溫度：20 ～ 30℃
· 土壤：表土為礫質土，底土為黃黏壤土（pH4.5 ～ 6.5）
· 繁殖方式：高壓、扦插

療效及用途

肉桂的香氣成分以桂皮醛為主，可入藥，有散寒、止痛、化瘀、活血、健胃及強壯等功能，現代醫學研究發現桂皮醛在血管中有抗凝血的效果。中餐烹調上，肉桂是處理肉類食品不可或缺的調味品，也是中國「五香」裡的重要一味，灌香腸、製臘肉都會用到它。肉桂具有防腐、防霉的效用，做好的年糕塗上一層桂皮油，可以延長貯存時間；烘焙成的肉桂麵包，也較不易發霉。肉桂甜度比蔗糖高 50 ～ 100 倍，可用於製作麵包、蛋糕、糖果、點心、冰淇淋、口香糖、醃漬水果或飲料等，減少糖的添加量。

使用注意事項

肉桂成樹喜歡向陽的環境，如果光照不足，植株就發育不良，皮薄，含油分低，品質差。但幼樹喜稍蔭蔽的環境，忌日光直射。在肥沃地肉桂雖生長較快，但抗寒力弱，枝葉含油量低。在湛水或沼澤地帶生長，會有苦味、香氣也少。新鮮肉桂種子發芽率高達 90% 以上，種子失水乾燥後就會喪失發芽能力。種子收穫後 7 天內播種者，可於 20 ～ 25 天後發芽，播種深度 2.5 公分。

肉桂葉片有明顯三出脈。

形態特徵

土肉桂為常綠喬木，同為樟科中的陰香（*Cinnamomum burmanni*（Nees et T.Nees）*Blume*）外形與土肉桂相似，常被混淆。土肉桂小枝為淡綠色，葉片為亞革質，葉先端銳尖，葉表淡綠色，葉背灰白色；而陰香小枝紅色，葉片為紙質，葉表深綠色，葉背淡綠色，可用來區別土肉桂與陰香，尤其是在小苗時期，可供鑑定之用。

陰香果實的宿存花被片先端呈截斷狀；而土肉桂幾乎完整保存，也是重要的鑑定特徵。肉桂喜溫暖的氣候，年平均溫度 20℃ 以上的地區最適宜生長。當日平均溫度 20℃ 以上時開始萌芽，花期 4 ～ 5 月，花序腋生，而日均溫低於 20℃ 即停止生長。肉桂喜潮濕的氣候，降雨量 1200 毫米以上，相對濕度 80% 以上的地區最適宜生長。喜酸性土壤的植物，pH 值在 4.5 ～ 6.5 之間的土壤都可以栽培，以表土為石灰質砂土或礫質土，底土為黃黏壤土的土質最適宜其生長。

黑糖糕

材料

- 中筋麵粉 210 公克
- 太白粉 40 公克
- 黑糖 120 公克
- 酵母粉 1 小匙
- 肉桂精露 90c.c.
- 蜂蜜 20c.c.（可省略）
- 橄欖油少許

作法

point
土肉桂葉片
及精露。

1 先將黑糖及肉桂精露加熱 1～2分鐘溶解，放涼備用。

2 將麵粉及太白粉過篩，加入酵母粉混合均勻，慢慢加入步驟1的黑糖精露，攪拌均勻。

5 表面抹平，蓋上保鮮膜，在室溫中靜置發酵1小時。

3 取一適當淺盤，底部及二側均刷抹橄欖油。

6 放入蒸籠加水，水滾後開中火蒸煮25分鐘，關火後，先將蒸籠開一個小縫以讓水氣散出，待蒸氣散完即可打開蒸籠。

4 將步驟2的麵糊倒入。

7 土肉桂黑糖糕成品。

HERB 21. 月桂

Laurus nobilis L.

希臘神話中月桂代表著「阿波羅的榮耀」，羅馬時期人們就使用月桂編織的花環冠配戴在勝利者的頭上，因此「詩人的桂冠」就是指勝利加冠。月桂有驅魔避邪的傳說，在聖誕節常被作為居家裝飾。西元 1 世紀的希臘醫生迪奧斯克里德斯（Dioscorides）的著作《藥物論》中，提出月桂可以消炎，緩和黃蜂或蜜蜂螫傷等，若將月桂漿果和番紅花以玫瑰油研磨調配成的複合油，具有緩和偏頭痛的作用。

在樟科植物中，以月桂較能適應高緯度的冷涼氣候，原生於地中海及小亞細亞一帶，月桂在亞熱帶生長良好，主產地在遠東、地中海及康那利群島、希臘、土耳其、墨西哥、法國、比利時與中美洲等地，均有栽培生產。月桂葉片搓揉後會有香甜細緻的檸檬丁香氣味，精油的主要成分為桉葉素（cineole，45 ～ 50%）、沉香醇（linalool）與丁香酚（eugenol）。

Laurus nobilis L.

科別：樟科 Lauraceae
屬別：月桂屬 Laurus
英文名：Bay, Laurel
別名：桂冠樹、月桂冠、香葉（月桂葉）
利用部位：葉、枝、果
用途：料理、精油

栽培技巧：
· 適合栽種月分：1 ～ 12 月
· 花期：夏季
· 日照：半日照～全日照
· 水分：適中
· 施肥：適中
· 溫度：14 ～ 28℃
· 土壤：壤土
· 繁殖方式：高壓、扦插

月桂的長橢圓形革質葉片。

木材可用來燻烤食物。藥用可促進食慾、幫助消化及舒緩腹痛，在傳統醫學上月桂有平衡神經、止痛、殺菌、治療關節炎、神經痛、風濕、肌肉疼痛及皮膚方面疾病的功效。每 100 公克乾燥的月桂葉片中，約含有維生素 A 6,185 IU、維生素 B1 0.1 mg、維生素 B2 0.42 mg、菸鹼酸 2 mg、維生素 C 46.6 mg、鈣 834 mg、鐵 43 mg、鎂 120 mg、磷 113 mg、鉀 529 mg、鋅 4 mg。

療 效 及 用 途

　　在西洋或泰式料理中經常使用月桂葉，以小火燉煮，1 加崙搭配 1 片葉，可去腥提味；不論是燉煮、湯品、泡菜、入茶，都具有獨特迷人的香氣。葉片可製成溫和的殺蟲劑，放置於衣櫃或米桶中防蟲。漿果精油因含脂肪酸，多用於肥皂及蠟燭的製造。

使 用 注 意 事 項

　　隨時可採收新鮮葉片，具濃郁的香氣以及強烈的苦味，乾燥後苦味消失，香氣不減。乾燥時應在黑暗中陰乾（不得曝晒），輕壓以使平整，成熟漿果可用於榨油。

形態特徵

　　多年生常綠灌木，原生於地中海地區，可以生長至 15 公尺高，一般則高約 2～5 公尺。葉片長橢圓形、先端漸尖，幼葉為明亮的綠色，下位老葉則為濃綠色，葉革質有光澤，中脈明顯，搓揉葉片會有清爽香氣。月桂樹是多性植物，有時一株樹上有雄花及雌花，也有雌雄同體的花，在溫暖地區初夏時會開淺綠色或乳黃色蓬鬆小花，果實呈葡萄般深紫黑色小果，種子乾燥後會失去發芽力，發芽適溫 21℃，微濕（不積水），1～6 個月發芽，盆栽種植很少開花。栽植時需選擇肥沃、排水良好、日照充足的土壤。冬季需設防風牆，幼株需特別防霜害。在秋季繁殖，以播種、壓條或扦插均可。

香草綠茶皂

材料

- 椰子油 280 公克
- 苦茶油 360 公克
- 橄欖油 360 公克
- 氫氧化鈉 145 克（冬天可酌量減少氫氧化鈉用量以保留殘留油分，更具保濕、滋潤效果）
- 水 435 公克
- 綠茶粉末 42 克
- 月桂葉粉末 42 克（月桂葉晒乾後磨粉）

椰子油　　橄欖油

綠茶粉末　　氫氧化鈉　苦茶油

point

先將月桂葉片磨成粉末

•ᴵ作法ᴵ•

1 在空曠通風處，先將 200 公克的碎冰與 235 公克的過濾水在不鏽鋼鍋裡混合好。

2 再用另一個容器去秤取 145 公克的氫氧化鈉。

3 接著小心地將氫氧化鈉加入剛才混合好的冰水中，同時慢慢攪拌使氫氧化鈉溶解（過程中會放熱，小心且不要吸到蒸氣）。溶解完成後以隔水調溫的方式將溫度調整至 45℃左右，然後靜置於小孩不會碰觸到的地方。

4 將椰子油、苦茶油及橄欖油混合，並適當加溫調整到 45℃左右。

5 取不鏽鋼攪拌棒開始慢慢攪拌溫度為 45℃左右的油脂，然後將同溫的鹼液謹慎緩慢的倒入混合好的油中。

6 起始的 20 分鐘要連續攪拌，接著可以攪拌 5 分鐘、休息 5 分鐘，直到呈現濃稠狀為止（正常情況下會微微起泡）。攪拌過程中如果不小心被噴濺到，必須馬上到水龍頭底下以大量清水沖洗，去除鹼液。

7 當攪拌到油脂鹼液混合體的攪拌痕跡約可以保持 3～4 秒時，就可以開始加入香料粉末（香料成分以低於總量 5% 為原則，可依個人喜好增減）並繼續攪拌均勻。

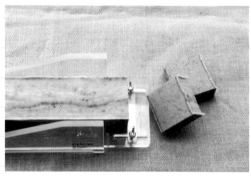

8 倒入壓克力模型中靜置成形，三天後即可脫模。

9 將皂條等分切割完成後，務必要保存在乾燥環境下約一個月，一方面晾皂，一方面讓殘留的游離鹼與油脂作用更完全，以讓酸鹼度降低後才能安心使用。

140

HERB 22. 圓葉土樟

Cinnamomum reticulatum Hayata

圓 葉土樟為台灣特有種，雖是樟科但沒有樟腦味，葉片搓揉時具香水味，故稱「香水樟」，是由林業試驗所選拔出的原生樹種。零星分布於恆春半島低海拔的叢林或生長於近海岸地區的珊瑚石附近，其對環境的適應力很強，可耐旱乾旱、強日照、強風，對低溫及鹽分也具有中度忍受力。

Cinnamomum reticulatum Hayata

科別：樟科 Lauraceae

屬別：肉桂屬 *Cinnamomum*

英文名：Randaishan cinnamon tree, Reticulateveined cinnamon tree, Taiwan camphor tree

別名：網脈桂、網脈樟、香桂

利用部位：葉

用途：精油

栽培技巧：
· 適合栽種月分：1～12 月
· 花期：春、夏季
· 日照：半日照～全日照
· 水分：耐旱
· 施肥：耐貧瘠
· 溫度：18～30℃
· 土壤：砂質壤土
· 繁殖方式：高壓、扦插

療效及用途

　　根據《本草綱目》記載，樟樹是一種性微溫、味辛的藥物，具有去風濕、通經絡、止痛、消化食物之效；可用於沐浴、提神。一般圓葉土樟可作為行道樹或建材，相關的醫學研究報告較少，故目前僅利用其香氣作為薰香產品。

使用注意事項

　　性喜高溫、日照充足時生長較旺盛。若用種子播種，後代會分離，有些植株會不具原特殊香味，因此建議採高壓或扦插方式來繁殖。

圓葉土樟開花情形。

圓葉土樟果實。

形態特徵

　　常綠小喬木或灌木，樹高 3 ～ 7 公尺，樹皮灰褐色。葉片多為對生或近似對生，偶互生；葉片呈倒卵形、革質、全緣、長 5 ～ 6 公分，寬 2.5 公分，先端鈍或圓，表面具光澤，呈綠色，背面蒼綠色，三出葉脈，中間葉脈直達葉端，兩面網脈凸起明顯。花序為繖房狀（聚繖花序），腋生，光滑，上著 3 ～ 5 朵花，花小，呈淡黃綠色，每年 2 ～ 5 月開花。果實為長橢圓形，長 10 公厘，直徑 7 公厘，殘存花被為果托，呈淺杯形，先端截平，無鋸齒。

線香（塔香）

材料

- 圓葉土樟乾燥葉片 8.5 克
- 月桂乾燥葉片 8.5 克
- 香楠粉 40 克
- 檀香粉 120 克
- 水 160c.c.

作法

1 將圓葉土樟及月桂葉片確實烘乾後，分別利用研磨機磨成細粉。

月桂葉片

圓葉土樟葉片

144

3 薰香的主材料有香楠粉、
檀香粉、圓葉土樟及月桂
葉片細末。

4 所有粉末混合均勻，接著
慢慢加入 160c.c. 的水。

5 搓揉成團。

6 取小團搓揉緊實，擠出空氣，再搓成細圓條
狀（愈細越好），陰乾後即成線香。

7 若搓成小三角錐形，陰乾後即成塔香。

澳洲茶樹

Melaleuca alternifolia

澳洲茶樹原生於澳洲新南威爾斯省北部的小河川流域濕地，澳洲土人相傳，將澳洲茶樹的葉片揉碎敷在傷口上，可以幫助傷口恢復。歐洲十字軍東征期間，軍士受傷時也會以澳洲茶樹來消毒傷口。澳洲茶樹精油成分有 terpinen-4-ol、γ-terpinene、m-Cymene 及 α-terpinene 等，對細菌、真菌及濾過性病毒皆具有強力殺菌效果，已經成為一般家庭醫藥箱的必備品。

Melaleuca alternifolia

科別：桃金孃科 Myrtaceae

屬別：白千層屬 *Melaleuca*

英文名：Tea tree

別名：茶香白千層

利用部位：莖、葉

用途：藥用、精油

栽培技巧：

· 適合栽種月分：1 ～ 12 月

· 花期：春季

· 日照：全日照

· 水分：適中

· 施肥：少

· 溫度：14 ～ 32℃

· 土壤：壤土

· 繁殖方式：種子、高壓、扦插

澳洲茶樹於春天開花。

療效及用途

　　澳洲茶樹少病蟲害，很適合栽植於香草庭園當綠籬。有很好的抗菌與消毒功能，可用於醃漬、茶飲、沐浴或藥用。經常被添加在口腔清潔用品中，如牙膏、漱口水或其他香氛用品上。

使用注意事項

　　不耐寒，為了不影響翌年的開花，最好在秋季之前完成修剪工作。茶樹精油極少引起刺激，但是有過敏性皮疹（接觸性皮膚炎），建議以橄欖油或杏仁油稀釋後再局部試用。也不建議將澳洲茶樹精油直接使用在耳朵上，因為它可能會影響內耳功能。

形態特徵

　　澳洲茶樹為桃金孃科、白千層屬的常綠小喬木，株高 6 ～ 12 公尺，樹形直立呈圓錐形，葉片為長披針形，互生或螺旋狀著生，長約 2 ～ 6 公分，平滑、革質，新葉呈淡綠色，成熟時變暗綠色；樹幹外皮灰白、木栓化，易於剝落，形如行道樹「白千層」。花朵為頂生花序、白色瓶刷形，雄蕊多數超過 30 枚，著生於花萼筒上。

香草精油

材料

- 澳洲茶樹 600 公克
- 水 700 公克

3 放入小型精油萃取機中。

4 加水,並加熱蒸餾。

5 上層即為精油。

・作法・

1 去除木質化枝條。

2 洗淨。

HERB 24.

七葉蘭

Pandanus amaryllifolius Roxb.(P. odorus Ridl.)

原產東南亞印度、斯里蘭卡、印尼與摩鹿加群島一帶；台灣是在 20 多年前由越南引入。葉片具有印度香米的香氣（basmati aroma），類似芋香味，也兼具淺綠色的天然色素，廣泛用於東南亞各類米食烹調有關的料理中，可惜目前即使在其原生地，也逐漸被綠色食用人工色素所取代。

七葉蘭獨特和令人愉悅的香氣，在亞洲國家被普遍使用為重要的調味劑或直接用於各種菜餚（如咖哩、牛奶、蛋糕、布丁和冰淇淋等）。1983 年 Buttery 等人分析出七葉蘭香味的主要物質是 2Acetyl-1-Pyrroline（2AP），其具揮發性的特性與一些香米中發現的成分是一致的。此外還含有 3- 甲基 -2-（5H）- 呋喃酮（3-methyl-2-（5H）-furanone）、3-hexanol, 4-methylpentanol, 3-hexanone 以及 2-hexanone 等呋喃衍生物或醛、酮類香氣物質。葉片也含有非揮發性的生物鹼（如六氫吡啶 piperidine 型的 pandamarine, pandameri-lactones）。

Pandanus amaryllifolius Roxb.

科別：露兜樹科 Pandanaceae

屬別：露兜樹屬 *Pandanus*

英文名：Pandanus

別名：七葉蘭、碧血樹、香林投、香蘭、斑蘭

利用部位：葉

用途：泡茶、調味料、染色

栽培技巧：

· 適合栽種月分：1 ～ 12 月

· 花期：春、夏季

· 日照：全日照

· 水分：排水良好

· 施肥：少

· 溫度：溫暖氣候

· 土壤：含礫石有機壤土

· 繁殖方式：扦插

療效及用途

　　七葉蘭的葉片味甘、淡，性寒。具有生津止咳、潤肺化痰、清熱利濕、解酒止咳等傳統青草藥的保健功效。

　　在東南亞國家，可直接加入料理中，如泰國有七葉蘭香味的冰鎮椰子飲料、七葉蘭雞，就是將醃漬好的雞肉用七葉蘭葉包裹後烹調，賦予雞肉一種令人愉悅的香氣。

　　在印尼將七葉蘭的葉片用於甜布丁、糯米熬煮的卡士達醬、冰淇淋或調酒等多種食品之中。

使用注意事項

　　一般剛採摘的鮮葉香氣較少，經稍微萎凋後香氣就會很明顯，其中以乾燥 2 天的葉片香氣最佳，但放置一周後香氣很快就會降低。

葉無柄，呈狹長披針形，長 20 ～ 45 公分，寬 2 ～ 4 公分。

莖節多氣生根，具支撐與吸收水分功用。

形態特徵

　　七葉蘭為露兜樹科中唯一葉部具有香氣的物種。性喜溫暖濕潤的環境，為多年生常綠灌木，多分枝及氣生根。葉片全緣、無刺、無柄具平行脈。株高 40 ～ 120 公分，不常見其開花，在印尼的摩鹿加群島 4 ～ 8 月間偶爾會開花，圓錐花序，雌雄花異株，雄株更罕見。

香草冬瓜磚

材料

- 冬瓜 10 公斤
- 二砂糖 10 公斤（亦可用白糖代替）
- 黑糖 2 公斤
- 七葉蘭 200 公克（2%）

作法

1 將冬瓜外皮洗淨，去籽留囊。

2 切成約 1.5×1.5 公分大小的塊狀。

3 去除七葉蘭枯萎部位的葉片後洗淨晾乾，再切成 1 公分細段。

4 均勻放入冬瓜塊及七葉蘭於攪拌器內。

5 接著倒入二砂糖覆蓋於冬瓜塊上。

6 攪拌均勻後靜置，以讓冬瓜出水（約30分鐘），接著開中火加熱，直到二砂糖完全溶解。

7 二砂糖完全溶解後，加入黑糖，開小火繼續加熱及攪拌，直到呈現黏稠狀。

8 將黏稠糖漿取出置放於鐵盤中。

9 以不銹鋼筷快速攪拌。

10 平鋪後靜置待涼，之後就會呈現結晶成塊狀的冬瓜糖。

HERB 25. 酸 模

Rumex acetosa L.

酸模屬原產於北半球溫帶或亞熱帶山區，是一種古老的藥草，具營養和特殊風味，雖原產於英國，但廣為世界各地人們使用，如非洲、羅馬尼亞、俄羅斯和土耳其等的傳統菜餚中均有它的蹤跡。北極圈原住民薩米人（Sami）把它添加到馴鹿奶中作為調味和防腐劑。一般廚房及香草園中徵詢度最高的香草植物就是酸模，因此也被稱為普通或花園酸模。台南區農業改良場還從國外引進相似種紅脈羊蹄（Bloody Dock，*R. sanguineus*），紅色網狀的葉脈非常明顯，既酸又澀，澀味來自單寧（tannin），主要提供香草園景觀布置。

Rumex acetosa L.

科別：蓼科 Polygonaceae

屬別：酸模屬 *Rumex*

英文名：Garden sorrel, Spinach dock, Spinach rhubarb, Herb patience or Narrow-leaved dock

利用部位：葉

用途：料理

栽培技巧：
- 適合栽種月分：1～12 月
- 花期：不常開花
- 日照：半日照～全日照
- 水分：多
- 施肥：適中
- 溫度：18～25℃
- 土壤：有機壤土
- 繁殖方式：種子、分株

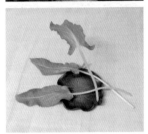

酸模具有長葉炳。

療效及用途

　　酸模在台灣初期只作為藥用植物，具清熱、利尿、防止便祕效用，目前則多添加於沙拉、湯或砂鍋中以增添酸的風味，如馬鈴薯酸模特色湯，將檸檬香味酸模結合奶油馬鈴薯，適合熱食或涼拌，亦可加入牛奶或奶油中稀釋食用。

使用注意事項

　　葉片採收後可冷藏在冰箱長達 2 個星期，若是結凍則保存時間更長，酸模的葉片乾燥後會失去它的酸度，不適合乾燥貯藏。但若作為草藥，則可乾燥貯存。炒食處理會發現顏色變成黃褐色，維生素 C 也會分解。酸模酸味的來源是因為它含有草酸（oxalic acid），由於草酸易和體內的鈣質作用形成草酸鈣沉澱，所以還是少量生食較為適宜，有結石病史的人則不宜大量食用。

形態特徵

　　酸模為多年生草本植物，外形類似菠菜，叢生狀，高約 30 ～ 45 公分，根系深，莖葉多汁。葉直立細長，具有很長的葉柄，葉長約 15 公分、寬約 7 公分，葉片基部稍呈箭頭形。酸模的花序屬於雌雄異株，若環境適合會開花，但在台灣平地很少開花。繁殖時採用播種法或分株法，春或秋季可進行分株，株距 30 公分。酸模除了怕夏季高溫乾旱外，對土壤要求不大，只要富含水分且不積水的條件均有利於生長。

香草泡菜

材料

- 高麗菜絲 750 公克
- 紅蘿蔔絲 90 公克
- 鹽 37.5 公克
- 白砂糖 60 公克
- 白醋 180c.c.
- 酸模葉片 37.5 公克（5%）

作法

1 將高麗菜、紅蘿蔔切絲。

2 加入鹽後拌勻，靜置出水。

3 用冷水洗淨，瀝乾水分後，加入糖及白醋，裝罐靜置過夜即為泡菜。

4 採收的酸模葉片洗淨，最後一次用開水清洗後擦乾。

5 將葉片切成適當大小，拌入泡菜中即可。

HERB 26.

越南芫荽

Persicaria odorata (Polygonum odoratum)

在台灣各地很容易發現野生的蓼屬植物，大部分的品種喜歡在潮濕、根部浸水的環境下生長。蓼屬植物大多沒有什麼特別的味道，唯有越南芫荽香氣最為明顯。原產於東南亞，一般稱「越南香菜」，普遍作為調味料，包括馬來西亞麵食、泰國酸辣醬汁、多數的越南料理均會使用到，著名的越南鴨仔蛋，就是加入越南芫荽來抑制它的腥味。越南芫荽聞起來和芫荽很類似，但香氣成分和芫荽完全不一樣，其精油的主要成分有十二（烷）醛（dodecanal，27.11%），味道類似紫羅蘭、癸醛（decanal，4.11%）屬於玫瑰的香氣，以及 B- 丁香烯（B-caryophyllene，1.25%）為丁香的味道，其他還有 α-citral（2.53%）、drimenol（1.73%）、Z-citral（1.71%）等的強烈香氣可以像芫荽一樣使用。

Persicaria odorata

科別：蓼科 Polygonaceae

屬別：蓼屬 *Polygonum*

英文名：Vietnamese coriander, Rau ram（越南）, Kesum, Rau răm, Hot mint

別名：越南香菜、馬來香蓼

利用部位：葉

用途：料理

栽培技巧：
- 適合栽種月分：2 ～ 10 月
- 花期：冬、春季
- 日照：半日照～全日照
- 水分：耐濕
- 施肥：中
- 溫度：10 ～ 30℃
- 土壤：壤土
- 繁殖方式：扦插

越南芫荽葉面上有紅褐色的 V 形斑紋。

冬季開淡粉紅色花,為頂生的單枝穗狀花序。

療效及用途

越南香菜味苦、辛,可解毒消腫,紓解消化不良、腸胃脹氣及胃痛。現代醫學研究發現其葉片具有顯著的抗氧化與抗菌活力。在越南、馬來西亞和新加坡等地,普遍添加在湯、鴨蛋、禽、魚、肉類等菜餚的調味中,可直接當成薄荷或普通香菜(芫荽)的替代物。

使用注意事項

繁殖以扦插法為主,以枝條扦插容易存活,甚至插在水中也能發根生長。在台灣平地的環境可周年生長,喜潮濕環境,亦可挺水栽培,在全日照到半遮蔭環境均可生長。

形態特徵

越南芫荽葉片為披針形,葉面上具有一道紅褐色的 V 形斑紋,尤其在日照充足的情況下更是明顯。葉片和莖節連接處有一層膜狀的葉鞘包住,莖略帶紅色,一般匍匐生長,叢生時則直立生長,株高可達 30 ～ 50 公分,莖易老化,經常修剪可促進分枝的生成來提高產量。冬季開花,花呈淡粉紅色,為頂生的單枝穗狀花序。

香草花捲

材料

- 中筋麵粉 250 公克
- 白糖 25 公克
- 酵母粉 1 小匙
- 冷水 160c.c.
- 橄欖油 1 小匙
- 新鮮芫荽葉 12.5 公克（不含梗）

作法

1
葉片洗淨、晾乾
（或用擦手巾擦乾
水分），去除葉梗
取葉片切碎。（愈
細愈好）

point

自上端（不含
新生芽）第2～
3節處剪取。

2
將麵粉及白糖過
篩，加入酵母粉混
合均勻，再慢慢加
入160c.c.冷開水
及1小匙橄欖油，
揉成光滑麵糰。

3 將越南芫荽葉片細末加入
揉製好的麵糰中。

4 接著用保鮮膜包住，在室
溫下醒麵 30 分鐘。

5 將發酵好麵糰中的空氣壓
出、擀平，多次重複摺疊擀
平動作，口感會愈細緻。

6 麵糰擀平後，以刷
子沾取麻油單面刷
抹。

7 將麵糰捲起使其呈
長條狀。

8 切割成八等分，並
用筷子從小麵糰中
間押出麻花紋路。

9 放入墊上烘焙紙的
蒸籠，靜置發酵
20 分鐘後加水，
待水滾後開中火蒸
煮 25 分鐘即可。

HERB 27.

芸香

Ruta graveolens L

起 源可能在地中海或西亞，現今已廣泛分布至溫帶和熱帶地區。芸香具特殊氣味，自古就是普遍使用的芳香及藥用植物，乾燥後氣味稍柔和。全株具有強烈氣味、強苦澀味，苦味來自所含的芸香苷（rutin，乾燥葉片含 7 ～ 8 ％），其對心血管具良好的保健功效。葉片抽出物含有生物鹼和香豆素約 0.4 ～ 1.4 ％，精油約 0.2 ～ 0.4 ％。精油的主要成分有 n-Hex-4-en-3-one（55.06%）、n-Pent-3-one（28.17%）、n-Hex-3-en-2-one（14.07%）與 n-Hex-5-en-3-one（0.67%）。

Ruta graveolens L

科別：芸香科 Rutaceae

屬別：芸香屬 *Ruta*

英文名：Common , Rue bitter herb, Garden rue

別名：臭草、百應草、小葉香、臭芙蓉、小香草、臭艾、猴仔草、荊芥七

利用部位：葉

用途：料理、藥用、觀賞

栽培技巧：
- 適合栽種月分：2 ～ 10 月
- 花期：春季
- 日照：半日照～全日照
- 水分：耐旱
- 施肥：適中
- 溫度：10 ～ 30℃
- 土壤：礫石壤土
- 繁殖方式：種子、扦插

療效及用途

芸香被普遍應用在民間療法中以改善風濕、眼睛疲勞所引起的頭痛。在南美,普遍種植於香草園中,不僅可觀賞、烹飪和藥用,在民間習俗中有驅魔辟邪用途。現代醫學研究發現芸香有抗菌、抗病毒、抗炎、鎮靜、利膽、發汗與驅蟲等特性,具有改善癲癇、咳嗽、高血壓、失眠、頭痛的緊張與腹部絞痛的潛力。

使用注意事項

芸香精油具刺激性,所含呋喃香豆素(furocoumarins)為一光敏感物質(photosensitizer)。在歐盟防晒和乳霜產品中規定其成分中的呋喃香豆素不能超過 1mg ／ kg。

芸香葉片為明顯的藍綠色。

形態特徵

多年生常綠灌木,二年生莖稈會逐漸木質化,高約 40 ～ 100 公分,莖多分枝,光滑無毛。葉片互生,呈藍綠色,深裂,2 ～ 3 回羽狀複葉,長 6 ～ 12 公分,葉背面有明顯腺點。春季和夏季是開花盛期,頂生的聚繖花序,直徑約 1.3 公分,每朵花有 4 ～ 5 片金黃色花瓣。適合種植於岩石縫或排水良好的土壤,能耐乾燥炎熱的天氣。

香草年糕

●・作法・●

材料

- 糯米粉 500 公克
- 二砂糖 500 公克
- 水 500c.c.
- 油 2 茶匙
- 芸香葉片 1 公克（約 0.1%）

1
剪取下之芸香嫩枝。

2
去梗洗淨，將葉片切成細末。

3
將芸香葉片細末
拌入糯米粉中。

4
加入溶解好的糖
水、2茶匙油後
均勻攪拌。

5
將含香草的糯米
漿倒入鋪好布巾
的蒸籠中。

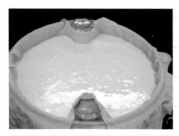

6
蒸籠兩側塞上小
玻璃罐以充當散
氣孔。

7 水沸騰後,以中火蒸煮1小
時。

8 香草年糕完成。

168

HERB 28. 大葉石龍尾

Limnophila rugosa (Roth) Merr.

大葉石龍尾分布在東南亞低海拔濕地，在印度、馬來西亞、菲律賓各島均有其族群。台灣分布於全島低海拔山區，但不普遍，適合於池塘、稻田、湖沼、林下蔭涼處等濕地環境下生長，而台東蘭嶼的族群則生活在水芋田中。植株成分有生物鹼、單寧、三萜類、黃酮類、碳水化合物和蛋白質等。葉可萃取約 0.5％～ 0.7％的精油，主要成分是反式 - 茴香腦（trans-anethole，24.96 ～ 27.12％）、甲基胡椒酚（methyl chavicol，70.79 ～ 71.00％）和茴香醛（anisaldehyde）等。

Limnophila rugosa (Roth) Merr.

科別：玄參科 Scrophulariaceae

屬別：石龍尾屬 *Limnophila*

英文名：Limnophila rugose, Tala

別名：大葉田香草、水胡椒、水八角

利用部位：葉

用途：料理、精油

栽培技巧：
- 適合栽種月分：2 ～ 7 月
- 花期：秋、冬季
- 日照：半日照
- 水分：潮濕
- 施肥：適中
- 溫度：14 ～ 30℃
- 土壤：壤土
- 繁殖方式：扦插

大葉石龍尾於秋、冬季開花。

取 3～5 節的大葉石龍尾扦插即可擴大繁殖。

療效及用途

　　大葉石龍尾葉形如羅勒，搓揉其葉片可聞到濃烈刺鼻的香味，因此俗稱「水胡椒」、「水八角」，可充當野菜食用。在泰國作為祛痰藥湯或外部的美容護膚、護髮用，在印度則為利尿和健胃等藥用。現代醫學研究發現大葉石龍尾精油對枯草芽孢桿菌和傷寒桿菌等，表現出抗菌活性。另所含類黃酮具有降血壓，抗發炎和抗腫瘤等效果。

使用注意事項

　　大葉石龍尾在台灣不耐冬季低溫，須避寒設施，待回春時，即可恢復生長勢。

形態特徵

　　大葉石龍尾為多年生挺水草本植物，株高 20～50 公分。葉片對生，呈長圓形或卵形，長 2.5～5.5 公分，寬 1.5～3.5 公分，先端尖，邊緣細鋸齒狀。北部 9～12 月開花，花為紫紅色或粉紅色，約 1 公分長，花單出、腋生。

香草蘿蔔糕

材料

- 在來米粉 900 公克
- 蘿蔔 2 條（1 條打成泥、1 條刨成絲，蘿蔔約 1500 公克，可視個人喜好增減）
- 鹽 2 茶匙
- 水 500c.c.
- 油 15 公克
- 大葉石尾龍葉片 45 公克

作法

1

大葉石龍尾葉片去梗洗淨。

2

將蘿蔔切塊跟香草葉片一起放入果汁機內打成泥。

172

5
來米粉米漿加入香草蘿蔔泥及蘿蔔絲，攪拌均勻。

3 均勻的泥狀。

6
將香草蘿蔔在來粉泥放置瓦斯爐上開小火攪拌至收水呈黏稠狀。

4 另一條蘿蔔刨成絲。

7 蒸籠先舖上泡過鹽水的布巾後，倒入黏稠的香草蘿蔔在來粉泥，蒸煮 1 小時香草蘿蔔糕即完成。

檸檬馬鞭草

Aloysia triphylla (Aloysia citriodora)

馬鞭草原產南美洲一帶，1493 年哥倫布發現新大陸後才引入歐洲。羅馬文「Vervain」原意為「祭典用植物」，是歐洲宗教儀式中常用的香草植物。歐洲人民普遍種於庭園內，因馬鞭草氣味溫和、清新宜人，與香蜂葉、檸檬草、薄荷、迷迭香、蒲公英、洋甘菊、甘草、菩提葉等都可搭配沖泡成香草茶。乾燥葉片可放入香草枕頭或做成香皂、蠟燭、洗手乳或洗髮精等。用餐時摘下一小段放入清洗手指的水盤中，可去除手上殘留的食物腥味。檸檬馬鞭草為檸檬味芳香藥草中品質最好，香氣最純正帶甜果香。葉片提煉出精油主要呈味成分為香葉醛（geranial）、橙花醛（neral）與檸檬烯（limonene），可運用在芳香美容方面。

Aloysia triphylla

科別：馬鞭草科 Verbenaceae

屬別：橙香木屬 *Aloysia*

英文名：Lemon verbena

別名：防臭木、柳葉香草、輪葉橙香木

利用部位：葉

用途：泡茶、料理、精油

栽培技巧：

· 適合栽種月分：2 ～ 10 月

· 花期：春季

· 日照：全日照

· 水分：要求排水良好

· 施肥：適量有機肥

· 溫度：冬天要避寒

· 土壤：碎石壤土

· 繁殖方式：扦插

檸檬馬鞭草光滑的全緣葉片。

頂生的白色花序。

療 效 及 用 途

　　檸檬馬鞭草具有獨特的濃郁檸檬味，在海鮮料理中可以提味去腥。葉片泡茶有促進消化、鎮靜等作用，具讓人鬆弛緊張，提振精神的自然功效，尤其在沒有食慾、心情低落、疲倦時飲用最有療癒效果。乾燥葉片也是香包裡的重要材料，可用來驅離細菌。精油能作用於消化系統，改善反胃及消化不良等情形；在芳香療法中利用檸檬馬鞭草精油，可使人放鬆情緒，改善神經性失眠。

使 用 注 意 事 項

　　修剪過後的檸檬馬鞭草盆栽，一定要置於陰涼處恢復，勿澆過多水分，以免蒸散作用過大反使植株枯萎。精油含有光敏感性成分，過敏體質者，盡量避免直接塗抹在皮膚上。另外，妊娠期應避免使用。

形態特徵

　　多年生灌木，屬亞熱帶作物，不耐低溫，冬天要避寒，野生的檸檬馬鞭草最高約可生長到 2～4 公尺，溫帶地區的則比較矮小。葉片呈長矛狀，葉緣為光滑的全緣，每節輪生 2～4 片葉子，在初秋時開花，花序為頂生，呈白色。

　　全日照植物，需要充足的日照，才能使其芳香味更濃，不易得病。不耐濕、一定要排水良好，夏天一天澆水一次，冬天每周澆 1～2 次。春、秋季各施一次薄肥即可，避免使用人工化學肥料，會讓植物過於茂盛而缺乏香氣。植株要勤加修剪利用，以避免莖稈木質化，並促進新梢數目。

手工餅乾

材料

- 無鹽奶油 75 克
- 糖粉 105 克
- 全蛋 50 克（約 1 顆）
- 低筋麵粉 225 克
- 奶粉 30 克
- 泡打粉 3 / 4 小匙（可不用）
- 檸檬馬鞭草（新鮮葉片洗淨晾乾後去梗，取 7.5 克）

作法

point

修剪時自上端（不含新生芽）第 2 節處剪下（要剪節上 1 公分處），剪下枝葉。

1 將剪下的枝葉洗淨、晾乾（或用擦手巾吸乾水分），去除葉梗僅取葉片。

2

將剪下的檸檬馬鞭草切碎。（約米粒大小）

3

麵粉、奶粉均先過篩，加入泡打粉後混合均勻備用。

4

將切碎的香草拌入混合均勻的麵粉。

5

先將糖粉過篩後加入無鹽奶油中，隔水加熱將奶油與糖融化，冷卻後加入全蛋混合均勻。

6 將奶油混合液加入香草麵粉，揉成均勻麵糰。

7 用保鮮膜包住麵糰並均勻整形捲成長條狀，放入冷凍庫至少 2～3 小時使其結成硬塊。

8 取出已結成硬塊的餅乾麵糰，切成約 0.8 公分厚度的切片。

9 將切成塊狀的餅乾平舖於有吸油紙的烤盤上。

10 以上火 180℃、下火 160℃烤 25 分鐘後，視情況取出。

墨西哥奧勒岡

Lippia graveolens

墨西哥奧勒岡原產於南、北美洲，從美國德州、墨西哥、瓜地馬拉、尼加拉瓜到宏都拉斯半乾旱地區均可見其蹤跡。葉片被廣泛應用在墨西哥和中美洲的草藥及傳統醫學中，使用植物的地上部分作為抗菌、解熱、鎮痛、解痙和抗炎劑。墨西哥奧勒岡精油以秋天含量最高，主要成分為百里酚（thymol 20 ～ 80%）、香旱芹酚（carvacrol 1 ～ !4%）、對聚傘花素（p-cymene 1 ～ 13%）和少量的桉油精（1,8-cineole），前兩者呈現與奧勒岡幾乎相同的芳香氣味，常用於化妝品和食品工業。

Lippia graveolens

科別：馬鞭草科 Verbenaceae

屬別：橙香木屬 *Aloysia*

英文名：Mexican oregano

別名：墨西哥馬鞭草

利用部位：葉

用途：泡茶、調味料

栽培技巧：

· 適合栽種月分：1 ～ 12 月

· 花期：春、夏季

· 日照：全日照

· 水分：耐旱

· 施肥：少

· 溫度：10 ～ 30℃

· 土壤：偏鹼性砂質壤土（pH5.8 ～ 6.8）

· 繁殖方式：扦插

療效及用途

　　墨西哥奧勒岡葉片經常用於製作藥草茶以改善呼吸系統相關的疾病，近年來研究證實，其精油有抗菌和抗氧化活性。現今大眾對於墨西哥奧勒岡的味道接受度提高了，因為它不僅香氣非常類似奧勒岡，又多了淡淡的甜味，相當適合煎烤、燉煮、醬料和茶飲等。

使用注意事項

　　墨西哥奧勒岡雖耐旱、耐濕，但須避免積水，否則極易枯萎。

從葉腋伸出象牙白色的聚生小花。

墨西哥奧勒岡橢圓形葉片對生。

形態特徵

　　墨西哥奧勒岡是一種常綠性灌木，株高約 1.2～1.8 公尺。葉對生，略成橢圓形，表面粗糙有細毛，葉緣略帶鋸齒。於春、夏季時自葉腋開出象牙白色的小花，花 4～5 朵聚生，其花朵和細膩的芳香，會吸引蝴蝶、昆蟲前來協助授粉，鳥類也經常採食種子，灌木叢則是大部分野生動物喜愛的棲息處。

手工麵條

材料

- 中筋麵粉 400 公克
- 鹽 1 / 2 小匙
- 冷水 180c.c.（新鮮葉片含水，因此冷水量可酌量減少）
- 新鮮墨西哥奧勒岡 20 公克。

作法

1 取新鮮墨西哥奧勒岡盆景，自上端（不含新生芽）第 3 節處剪下（要剪節上 1 公分處，修剪後置於陰涼處），再將枝葉洗淨、晾乾。（或用擦手巾擦乾水分）

2 去除葉梗僅取葉片 20 克，切碎。（愈細愈好）

3 麵粉過篩、加入鹽及冷開水，混合均勻。

4
加入墨西哥奧勒岡葉末，混合均勻揉成麵糰，再用保鮮膜包住，室溫下醒麵 30 分鐘。

5
將麵糰擀平成一大張。

6
麵皮雙面撒上麵粉，摺成 3 ～ 4 摺。

7
細切成細條狀麵條。

8 可將麵條晾乾。

9 晾乾麵條可冷凍保存。

10 也可直接下鍋煮熟，撈起後過冰水，即成可口的香草涼麵。

鬱 金
Curcuma longa L.

原產於東南亞、中南半島等熱帶亞洲，其中印度栽培最多，台灣全境平野、山區均有分布。鬱金自古就廣泛應用，不論是作為直接烹飪、香料、染料、醫藥等應用，甚至在宗教禮儀色彩上也具有神奇的象徵，如被用來保護佩戴者以對抗邪惡、將印度新娘塗上薑黃染料等。中世紀歐洲人稱鬱金為印度藏紅花，色鮮微香，味苦帶甘。鬱金可萃取出約 5% 精油，橙黃色、富芳香、滋味辛苦，其主要成分有薑黃素（curcumin）、薑黃酮（turmerone）、龍腦（borneol）、桉油精（cineol）、水芹烯（phellandrene）、薑油酮（zingerone）等。

Curcuma longa L.

科別：薑科 Zingiberacea
屬別：薑黃屬 *Curcuma*
英文名：Turmeric, Golden turmeric
別名：川玉金、乙金、黃薑、姜黃
利用部位：根狀莖、嫩莖、花序
用途：料理

栽培技巧：
· 適合栽種月分：2～7 月
· 花期：夏、秋季
· 日照：半日照～全日照
· 水分：排水良好
· 施肥：適中
· 溫度：14～28℃
· 土壤：有機壤土
· 繁殖方式：根莖、分株

鬱金於夏、秋季開花。

左至右依序為莪蒁、鬱金、薑黃的根狀莖。

左至右依序為莪蒁、鬱金、薑黃根狀莖橫切面。

療效及用途

　　鬱金味辛、苦、性寒，有活血止痛、疏肝解鬱、涼血清心、利膽退黃等功能。近年來研究發現鬱金含揮發油、薑黃素、澱粉、脂肪油等，有減輕高脂血症的作用，能促進膽汁分泌和排泄，並可抑制存在於膽囊中的大部分微生物。

　　乾燥的地下莖用於咖哩粉調味與著色，嫩枝、花序在泰國可當蔬菜食用。它的萃取油脂已被用於醃製品著色，湯類、芥末、布丁混合料、調味品和一些調味肉產品的製備。乾燥的鬱金每 100 公克中，約含有菸鹼酸 5 mg、鈣 182 mg、鐵 41 mg、鎂 193 mg、磷 268 mg、鉀 2525 mg、硒 0.9μg、鋅 4 mg。

使用注意事項

　　鬱金、薑黃均能破血活瘀，鬱金於夏、秋季開花，薑黃（aromatic turmeric，*Curcuma aromatica Salisb.*）則於春天開花。鬱金苦寒入心，薑黃辛溫入肝脾。兩者均喜高溫，日照良好，一般除地溫較低之環境外，均可栽培。土質宜選用肥沃膨鬆的壤土，排水良好。

形態特徵

　　多年生宿根性草本，莖高約 1～1.5 公尺。葉基生，葉闊大，葉表光亮頂端尖細，葉片呈橢圓形或長橢圓形。圓柱形穗狀花序從葉中抽出，花穗外有綠色鱗片狀的苞葉，上苞片呈粉紅色，苞片內有 2～3 朵花，花冠為漏斗狀、白色或黃色，花期 6～9 月間，很少結實。地下莖末端膨大，根莖為橢圓形，節間短呈輪節狀，體銳圓如蟬肚，外皮褐色或黃褐色，內面顏色為具光澤之橙黃色。

香草銀絲卷

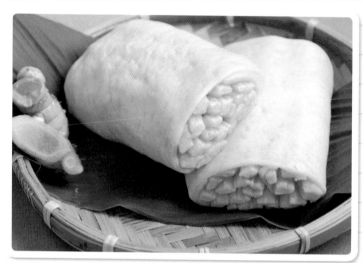

材料

- 中筋麵粉 250 公克
- 白糖 25 公克
- 酵母粉 1 小匙
- 冷水 130c.c.
- 香油少許
- 鬱金根部 12.5 公克

 作法

1 將鬱金根部洗淨、去皮,磨成泥備用。

2 將麵粉及糖過篩,加入酵母混合均勻,接著慢慢加入 130c.c. 冷開水,揉成光滑麵糰。完成後用保鮮膜包住麵糰,室溫下醒麵 30 分鐘。

3 將發酵好的麵糰分為 2 等分,取 1 等分加入鬱金泥。

4 揉成均勻麵糰。

5 將加入鬱金泥的麵糰擀成長條形，接著用刷子在正反兩面均勻刷上香油。

6 用刀子切成約 0.8 公分細長條，並將切好的長條捲在一起。

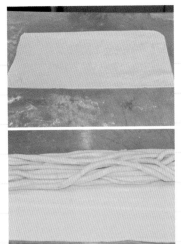

7 將另一等分的麵糰擀成長方形，接著把前述的黃色麵條包在白色麵皮中。

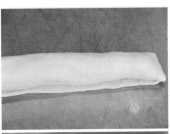

8 最後，如壽司捲般捲起使其呈長條狀，二側緊壓收好，切成 4 等分。

9 放入墊上烘焙紙的蒸籠，再靜置發酵 20 分鐘後，加水，以中火蒸 25 分鐘即可。關火後，先將蒸籠開小縫以讓水氣散出，待蒸氣完全散開即可打開蒸籠。

國家圖書館出版品預行編目 (CIP) 資料

香草植物就要這樣玩：栽培 × 手作 × 料理 / 黃文達著
. -- 初版 . -- 台中市：晨星 , 2015.04
　面；　公分 . -- (自然生活家；16)
ISBN 978-986-177-972-0(平裝)

1. 香料作物 2. 栽培

434.193　　　　　　　　　　　　104000691

 自然生活家 16

香草植物就要這樣玩：栽培 × 手作 × 料理

作者	黃文達
主編	徐惠雅
執行主編	許裕苗
封面設計	繁花似錦設計工作室
美術設計	夏果設計 * 許靜薰

創辦人	陳銘民
發行所	晨星出版有限公司
	台中市 407 工業區 30 路 1 號
	TEL：04-23595820　FAX：04-23550581
	E-mail：service@morningstar.com.tw
	http：// www.morningstar.com.tw
	行政院新聞局局版台業字第 2500 號
法律顧問	陳思成律師
初版	西元 2015 年 4 月 10 日
	西元 2016 年 5 月 6 日（二刷）

郵政劃撥	22326758（晨星出版有限公司）
讀者服務專線	04-23595819 # 230
印刷	上好印刷股份有限公司

定價 350 元

ISBN 978-986-177-972-0
Published by Morning Star Publishing Inc.
Printed in Taiwan

版權所有 翻印必究（如有缺頁或破損，請寄回更換）

◆ 讀者回函卡 ◆

以下資料或許太過繁瑣，但卻是我們了解您的唯一途徑，
誠摯期待能與您在下一本書中相逢，讓我們一起從閱讀中尋找樂趣吧！

姓名：＿＿＿＿＿＿＿＿＿＿＿＿ 性別：□ 男 □ 女 生日： ／ ／

教育程度：＿＿＿＿＿＿＿＿＿＿

職業：□ 學生 □ 教師 □ 內勤職員 □ 家庭主婦
　　　□ 企業主管 □ 服務業 □ 製造業 □ 醫藥護理
　　　□ 軍警 □ 資訊業 □ 銷售業務 □ 其他＿＿＿＿＿＿

E-mail：（必填）＿＿＿＿＿＿＿＿＿＿＿＿＿ 聯絡電話：（必填）＿＿＿＿＿

聯絡地址：（必填）□□□＿＿＿＿＿＿＿＿＿＿＿＿＿＿＿＿＿＿＿＿＿

購買書名： 香草植物就要這樣玩：栽培 × 手作 × 料理＿＿＿＿＿＿＿＿

· **誘使您購買此書的原因？**

□ 於 ＿＿＿＿＿ 書店尋找新知時 □ 看 ＿＿＿＿＿ 報時瞄到 □ 受海報或文案吸引
□ 翻閱 ＿＿＿＿＿ 雜誌時 □ 親朋好友拍胸脯保證 □ ＿＿＿＿＿ 電台 DJ 熱情推薦
□ 電子報的新書資訊看起來很有趣 □對晨星自然 FB 的分享有興趣 □瀏覽晨星網站時看到的
□ 其他編輯萬萬想不到的過程：＿＿＿＿＿＿＿＿＿＿＿＿＿＿＿＿＿＿＿＿＿＿

· **本書中最吸引您的是哪一篇文章或哪一段話呢？**＿＿＿＿＿＿＿＿＿＿＿＿＿

· **您覺得本書在哪些規劃上需要再加強或是改進呢？**

□ 封面設計＿＿＿＿＿ □ 尺寸規格＿＿＿＿＿ □ 版面編排＿＿＿＿＿
□ 字體大小＿＿＿＿＿ □ 內容＿＿＿＿＿＿＿ □ 文／譯筆＿＿＿＿＿ □ 其他＿＿＿＿＿

· **下列出版品中，哪個題材最能引起您的興趣呢？**

台灣自然圖鑑：□植物 □哺乳類 □魚類 □鳥類 □蝴蝶 □昆蟲 □爬蟲類 □其他＿＿＿＿＿
飼養＆觀察：□植物 □哺乳類 □魚類 □鳥類 □蝴蝶 □昆蟲 □爬蟲類 □其他＿＿＿＿＿
台灣地圖：□自然 □昆蟲 □兩棲動物 □地形 □人文 □其他＿＿＿＿＿
自然公園：□自然文學 □環境關懷 □環境議題 □自然觀點 □人物傳記 □其他＿＿＿＿＿
生態館：□植物生態 □動物生態 □生態攝影 □地形景觀 □其他＿＿＿＿＿
台灣原住民文學：□史地 □傳記 □宗教祭典 □文化 □傳說 □音樂 □其他＿＿＿＿＿
自然生活家：□自然風 DIY 手作 □登山 □園藝 □觀星 □其他＿＿＿＿＿

· **除上述系列外，您還希望編輯們規畫哪些和自然人文題材有關的書籍呢？**＿＿＿＿＿＿

· **您最常到哪個通路購買書籍呢？** □博客來 □誠品書店 □金石堂 □其他＿＿＿＿＿＿

很高興您選擇了晨星出版社，陪伴您一同享受閱讀及學習的樂趣。只要您將此回函郵寄回本社，
我們將不定期提供最新的出版及優惠訊息給您，謝謝！

若行有餘力，也請不吝賜教，好讓我們可以出版更多更好的書！

· **其他意見：**＿＿＿＿＿＿＿＿＿＿＿＿＿＿＿＿＿＿＿＿＿＿＿＿＿＿＿＿＿

晨星出版有限公司 編輯群，感謝您！

請填妥後對折裝訂，直接投郵即可，免貼郵票。

廣告回函
台灣中區郵政管理局
登記證第 267 號
免貼郵票

晨星出版有限公司　收

地址：407 台中市工業區 30 路 1 號
贈書洽詢專線：04-23595820*112　傳真：04-23550581

晨星回函有禮，
加碼送好書！

回函加附 **50** 元回郵（工本費），即贈送
《驚奇之心：瑞秋卡森的自然體驗》乙本！
原價：**180** 元

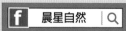

天文、動物、植物、登山、園藝、生態攝影、自
然風 DIY……各種最新最夯的自然大小事，盡在
「晨星自然」臉書，快來加入吧！

晨星出版
Morning Star

請填妥後對折裝訂，直接投郵即可，免貼郵票。